■ 典型性に該当する群落
■ 典型性に該当しない群落
■ 自然裸地
■ 水域
■ 評価対象外

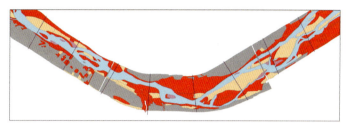

1994（平成6）年

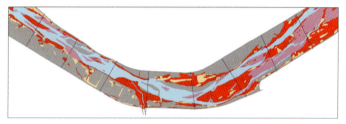

1999（平成11）年

2004（平成16）年

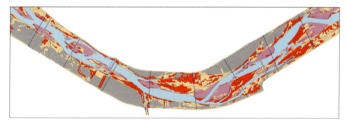

2008（平成20）年

図 3.5(a)　氾濫原環境（典型性）の地図化の例（千曲川）

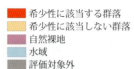

■ 希少性に該当する群落
■ 希少性に該当しない群落
■ 自然裸地
■ 水域
■ 評価対象外

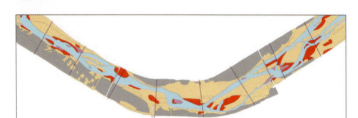

1994（平成6）年

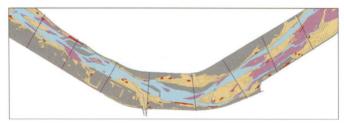

1999（平成11）年

2004（平成16）年

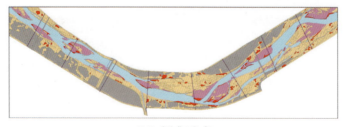

2008（平成20）年

図3.5(b)　氾濫原環境（希少性）の地図化の例（千曲川）

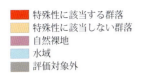
- 特殊性に該当する群落
- 特殊性に該当しない群落
- 自然裸地
- 水域
- 評価対象外

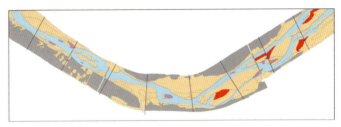

1994（平成6）年

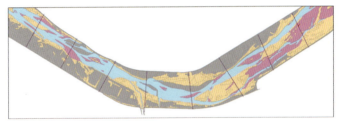

1999（平成11）年

2004（平成16）年

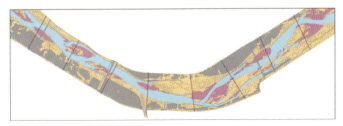

2008（平成20）年

図 3.5(c) 氾濫原環境（特殊性）の地図化の例（千曲川）

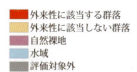

- 外来性に該当する群落
- 外来性に該当しない群落
- 自然裸地
- 水域
- 評価対象外

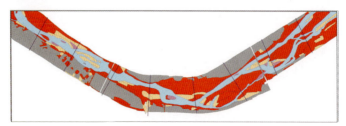

1994（平成6）年

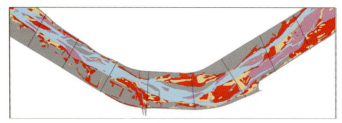

1999（平成11）年

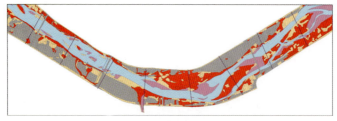

2004（平成16）年

2008（平成20）年

図 3.5(d) 氾濫原環境（外来性）の地図化の例（千曲川）
＊「外来性に該当する群落」とは，外来種が優占せず被度合計が50%未満の群落を示す。

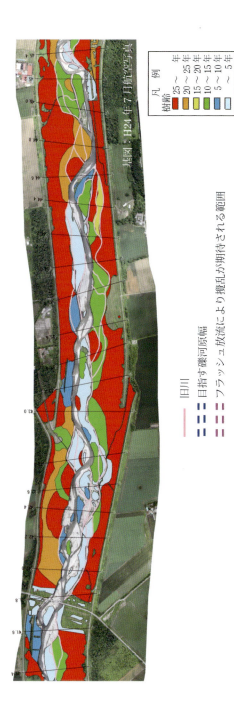

図 4.13 氾濫原林分の年代分布（2012年現在）とフラッシュ放流ならびに 1/20 洪水による攪乱想定範囲

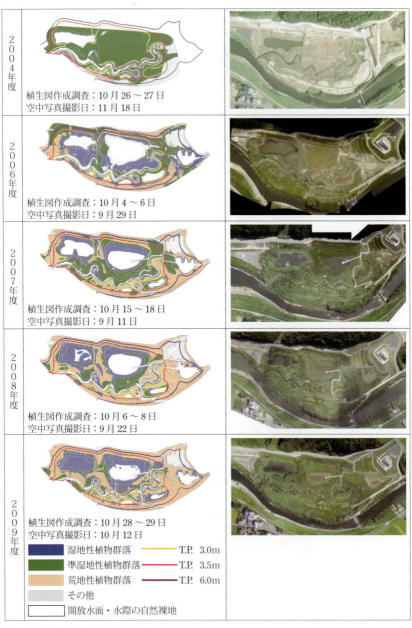

図 4.33 アザメの瀬における植物相の経年変化
　　　　（出典：国土交通省九州地方整備局武雄河川事務所）

「応用生態工学会テキスト」の発刊にあたって

　応用生態工学会は1997（平成9）年10月に「人と生物の共存」「生物多様性の保全」「健全な生態系の持続」を目標に発足し，主として生態学と土木工学の境界領域における新たな理論・知識・技術体系の構築に関わってきました．また，その成果は国土基盤に関わるさまざまな事業の中に取り入られるようになっています．

　このような中，当学会では今まで得られた研究成果を学会員に還元すること，ならびに社会に向けた発信を目的として，応用生態工学分野におけるテキストの刊行を企画しました．その実現に向け「テキスト刊行委員会」を発足させ，テキストで対象とする領域，テキストを利用する対象者の設定等について議論を行っています．

　テキストの対象とする領域の選定にあたっては，①「自然環境の劣化」が顕在化し，解決すべき課題として広く認識されていること，②インパクトーレスポンスに関する知見があり，かつ，生態学・土木工学の両視点が事業に取り入れられていることを念頭に置きました．そして，このような対象領域に関するテキストを"シリーズ"として刊行することで，応用生態工学に関する技術の体系化を目指すこととしました．また，テキストを利用する対象者としては，事業を担当する実務者や，生態学・土木工学に関する基礎的知識を習得した大学生・院生としました．

　近年学会を取り巻く自然・社会環境も大きく変化しつつあります．地球温暖化に伴う豪雨災害と国土強靱化，生態系を活用した防災・減災の試み（Eco-DRR），持続可能な開発目標（SDGs）等，応用生態工学に関わる対象領域は生態学・土木工学の枠にとどまることなく，新たな領域へと広がりつつあります．当学会においても，このような時代の変化をいち早く捉え，社会のニーズに即応できるようテキスト刊行を通じた情報発信に取り組んで行きたいと思います．さらに，当学会の「普及・連携委員会」の地域活動を通じて，学会員や当学会に関心のある皆様に対してテキストを活用した勉強会を開催し，応用生態工学の理解を深め，活用いただけるよう取り組んでいきたいと思います．

　令和元年8月15日

　　　　　　　　　　　　　　テキスト刊行委員会委員長　河口　洋一

『河道内氾濫原の保全と再生』について

　『河道内氾濫原の保全と再生』は応用生態工学会で企画したテキストとして記念すべき初号となりました。まず，本テキストの刊行にあたって多大なるご協力をいただいた執筆者の皆様はもちろん，テキストの性格，構成，体裁等について数多くのアドバイスをいただいた「テキスト刊行委員会」の皆様にも深く謝意を表します。

　河道内氾濫原は，堤内地の氾濫原の人工的利用が進むなか，日本国内においては残された貴重な氾濫原環境となりつつあります。しかし，近年の高水敷の乾燥化等で氾濫原に依存する多くの種が絶滅の危機に瀕しています。また，河積確保の観点から，河道掘削や樹木伐開が全国で進みつつあり，河道内氾濫原の人為的改変が進んでいます。『河道内氾濫原の保全と再生』はこのような状況を背景とし，氾濫原環境の基礎的な知識の習得に加え，保全・再生に関するいくつかのアプローチ，事例等を収録しました。

　『河道内氾濫原の保全と再生』は4章構成であり，基礎編と実践編に分かれています。1章と2章は基礎的な知識を網羅しています。1章では「氾濫原の定義と生態的機能」と題して，河道内に限らず氾濫原の定義と生態的機能に関する基礎的な知識を網羅しました。2章は「劣化する河道内氾濫原」を扱っています。氾濫原そのものが日本の国土形成史の中でどのように変貌を遂げたのか，また，河道内氾濫原の劣化要因と劣化した結果として生じたいくつかの現象を解説しています。3章と4章は実践的な内容としました。3章は「河道内氾濫原の保全と再生」とし，河道内氾濫原を保全・再生する具体的な手法について，河道掘削のような現実の事業も絡め解説しました。また，4章では「保全・再生の実践」として，海外・日本における河道内氾濫原の再生事例を紹介しています。また，関連するコラムの充実も図りました。特に，氾濫原に依存する生物の生態や現状については主要分類群を対象にして基本的な知識を網羅しました。

　本テキストが大学・大学院の学生だけでなく，行政，コンサルタント等の実務者の皆様に活用され，豊かな氾濫原環境の保全につながれば幸いです。

　　令和元年 8 月 15 日
　　　　　　　　「河道内氾濫原の保全と再生」編集委員長　　萱場　祐一

目　次

第1章　氾濫原の定義と生態的機能　　1

1.1　氾濫原の定義 …………………………………………………………… 1
　1.1.1　氾濫原の土台―平野の地理学的概要 ……………………… 1
　1.1.2　扇状地と河川 ………………………………………………… 2
　1.1.3　自然堤防帯と河川 …………………………………………… 4
1.2　氾濫原の構造と生態的機能 …………………………………………… 5
　1.2.1　扇状地における氾濫原の構造と洪水撹乱の生態的機能 …… 5
　1.2.2　自然堤防帯における氾濫原の構造と
　　　　洪水撹乱の生態的機能 ……………………………………… 8
　1.2.3　氾濫原のさまざまな生態的機能 …………………………… 9
1.3　河道内氾濫原 ………………………………………………………… 11
　1.3.1　河道内氾濫原の定義 ………………………………………… 11
　1.3.2　河道内氾濫原の構造 ………………………………………… 13
　1.3.3　河道内氾濫原の重要性 ……………………………………… 15
コラム1　山地部における氾濫原 …………………………………… 18
コラム2　堤外地の構造：高水敷と低水路の定義 ………………… 19
コラム3　氾濫原と植物 ……………………………………………… 20

第2章　劣化する河道内氾濫原　　23

2.1　日本における氾濫原環境の変遷 …………………………………… 23
　2.1.1　近世以前の国土開発 ………………………………………… 23
　2.1.2　近代から現代 ………………………………………………… 30

- **2.2 流量レジームと土砂レジームの変化** ……………………………… 44
  - 2.2.1 流量レジーム・土砂レジーム ……………………………… 44
  - 2.2.2 レジームの変動要因と人間活動 …………………………… 45
- **2.3 河道内氾濫原における景観の変遷** ……………………………… 51
- **2.4 河道内氾濫原の機能劣化とその機構** …………………………… 54
  - 2.4.1 樹林化の機構—地形と流れの相互作用 …………………… 55
  - 2.4.2 樹林景観変化の要因事象 …………………………………… 58
  - 2.4.3 景観変化に伴う氾濫原機能の劣化機構 …………………… 60
- **コラム 4 氾濫原依存淡水魚種の現状** …………………………… 68
- **コラム 5 流路網が代替する後背湿地の連結性** ………………… 71

第3章 河道内氾濫原の保全と再生　73

- **3.1 保全・再生の手順** ………………………………………………… 73
- **3.2 河道内氾濫原の評価方法** ………………………………………… 74
  - 3.2.1 評価対象 ……………………………………………………… 74
  - 3.2.2 評価アプローチの概要 ……………………………………… 76
  - 3.2.3 群落レベルでの評価 ………………………………………… 77
- **3.3 保全・再生の実践** ………………………………………………… 83
  - 3.3.1 保全・再生の基本的な考え方 ……………………………… 83
  - 3.3.2 保全・再生エリアの設定 …………………………………… 90
  - 3.3.3 氾濫原環境の再生アプローチ ……………………………… 91
  - 3.3.4 河道掘削を活用した氾濫原環境の再生 …………………… 93
- **コラム 6 氾濫原環境に成立する植物群落** ……………………… 102
- **コラム 7 保全を図るべき群落を抽出する際の考え方** ………… 107
- **コラム 8 社会資本重点整備計画策定に向けた全国の河川の物理環境調査データの概要** ……………………………… 110

第4章　保全と再生の実践　　　　　　　　　　113

- **4.1** 諸外国における事例 ………………………………………… 113
  - 4.1.1 堤防切り下げ・開口：ドナウ川の事例 ……………… 113
  - 4.1.2 引き堤・堤防ブリーチ：コスムネス川の事例 ……… 116
  - 4.1.3 植生除去・高水敷掘削：ワール川（ライン川）の事例 …… 120
  - 4.1.4 流況操作：オールドマン川の事例 …………………… 124
  - 4.1.5 ま と め ……………………………………………… 127
- **4.2** 日本国内における事例 ……………………………………… 128
  - 4.2.1 扇状地区間編：札内川の事例 ………………………… 128
  - 4.2.2 自然堤防帯区間編：木曽川・揖斐川の事例 ………… 145
  - 4.2.3 自然堤防帯区間編：松浦川（アザメの瀬）の事例 ……… 162
- **コラム 9**　扇状地氾濫原に生息する鳥類 ……………………… 185
- **コラム 10**　イタセンパラと二枚貝 …………………………… 188
- **コラム 11**　日本の河原に生息する陸生昆虫 ………………… 189

索　　引 ……………………………………………………………… 195

「河道内氾濫原の保全と再生」編集委員会

委員長　萱場祐一
幹　事　河口洋一，永山滋也
委　員　根岸淳二郎，原田守啓，三宅　洋

編集・執筆者一覧

赤坂卓美	帯広畜産大学畜産学部
石山信雄	独立行政法人北海道立総合研究機構・林業試験場
片桐浩司	秋田県立秋田中央高等学校／秋田県立大学生物資源科学部
萱場祐一	国立研究開発法人土木研究所水環境研究グループ
河口洋一	徳島大学大学院社会産業理工学研究部
傅田正利	国立研究開発法人土木研究所水災害・リスクマネジメント国際センター
永山滋也	岐阜大学流域圏科学研究センター／株式会社建設環境研究所
西廣　淳	国立研究開発法人国立環境研究所気候変動適応センター
中村太士	北海道大学大学院農学研究院
根岸淳二郎	北海道大学大学院地球環境科学研究院
林　博徳	九州大学大学院 環境社会部門
原田守啓	岐阜大学流域圏科学研究センター
三浦一輝	北海道大学大学院環境科学院
三宅　洋	愛媛大学大学院理工学研究科
吉岡明良	国立研究開発法人国立環境研究所福島支部
藪原佑樹	徳島大学大学院社会産業理工学研究部

（五十音別）

執筆分担一覧

赤坂卓美　【2.3，2.4】
石山信雄　【コラム5】
片桐浩司　【3.1，3.2，3.3，コラム6】
萱場祐一　【3.1，3.2，3.3，コラム7】
傳田正利　【3.3，コラム8】
永山滋也　【1.1，1.2，1.3，4.2.2，コラム1，コラム2，コラム10】
西廣　淳　【コラム3】
中村太士　【4.2.1】
根岸淳二郎　【2.3，2.4，4.1】
林　博徳　【4.2.3】
原田守啓　【2.1，2.2】
三浦一輝　【コラム4】
三宅　洋　【4.1】
吉岡明良　【コラム11】
藪原佑樹　【コラム9】

(五十音別)

第1章
氾濫原の定義と生態的機能

1.1 氾濫原の定義

1.1.1 氾濫原の土台—平野の地理学的概要

　降雨によって河川の水位が上昇し，溢れた水が浸水する範囲を氾濫原という。氾濫原は上流部から下流部まで流程全体の河川沿いに分布し，一般に上流部で狭く，下流部で広い。氾濫原は，河川沿いの比較的平坦な土地，すなわち平野に形成される。平野には侵食性と堆積性の2種類がある。世界を見渡せば，大陸の広大な平原を形作る侵食性の平野が支配的であるが，日本の平野はほとんど堆積性の平野である。つまり，河川が山を浸食し，生産した土砂を河川が運搬，堆積させて作り上げた河成平野である。今，我々が踏み締める平野の多くは，約2万年前の最終氷期最盛期[1]以降に形成された，比較的新しい時代の堆積（河成）平野であり，これを「沖積平野」と呼んでいる。沖積平野には，谷底平野，扇状地，自然堤防帯，三角州（デルタ）が含まれる（図1.1）。氾濫原は，一般に，この沖積平野の上に形成されている。

　日本において沖積平野といえば，関東平野や濃尾平野といった臨海沖積平野（coastal alluvial plane）が代表的である。臨海沖積平野は，典型的には扇状地，自然堤防帯，三角州から構成される。ただし，富士川や黒部川のように，自然堤防帯と三角州を欠き，扇状地が直接海に達する平野もある。臨海沖積平野は，最終氷期最盛期以降の温暖化に伴う海水準の上昇によって形成された内湾が，河川から供給される土砂に埋め立てられることで形成されてきた。最終氷期最盛期には，海水準は現在より140 mほど低かったとされ[1]，

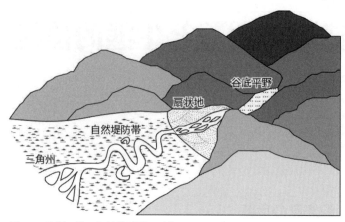

図1.1 流程に沿った沖積平野の区分

現在の平野の位置には，段丘を持つ河谷が形成されていた[2]。谷の深さは，主要な臨海沖積平野の現臨海部で 50 m 以上に達する場所も多く[3),4)]，沖に向かってより深くなっていく。

最終氷期最盛期に形成された河谷の縦断勾配は扇状地のそれに類似しており，当時の河川は大きな礫を現在よりも下流に運んでくることができた[5]。そのため，河谷の底面には礫が堆積しており，これを沖積層基底礫層と呼んでいる。臨海沖積平野は，この基底礫層を底に持つ河谷地形の器に土砂が堆積して形成されている。温暖化に伴う海進（縄文海進）は約 7 000 年前ごろにピークとなり，海は現在の平野に入り込んで内湾を形成したが，その後，三角州の前進に伴って埋め立てられ，徐々に後退し，現在の海岸線にたどり着いた[6),7)]。三角州は，今なお前進し続けている。

1.1.2　扇状地と河川

山地部を抜けた河川は，谷壁等による横断的な制約から解放され，急激に川幅が広がり，水深は浅くなる。そのため，土砂を運搬する力が弱まって土砂を堆積させる。土砂は河道に堆積し，次第に河川は周囲より高い場所を流れるようになる。そうすると，洪水などをきっかけに流路がより低い場所を求め，河道が移動する。新しい河道に土砂が堆積してくると，再び低い場所

を目掛けて河道が移動する。こうした河道の移動は，谷の出口部を要とし，放射状に繰り返されることで，扇型の地形が形成される[8]。これが扇状地である。扇状地は，上流側から扇頂，扇央，扇端に分けられ，一般に縦断勾配は 1/1 000 より急である。堆積物は砂礫から構成される。扇状地は，氷期が終わりを告げた 1 万年前以降の後氷期において，温暖化に伴う降雨の増大により急速に発達したと考えられている。

　扇状地では，河川流路が分岐と合流を繰り返し，網の目状を呈する。これを網状流路といい，流路間には中州（砂礫堆）が形成される（図 1.2）。網状流路は，扇状地と同様にたくさんの砂礫を流送する河川であれば，山間部の谷底平野にも見られる。扇状地と異なるのは，横断方向の移動が谷壁によって制限される点のみである[8]。前述のように，扇状地は，長い時間をかけて河川が作り出した地形であるが，現時点で河川の作用が及ぶ現河道と，放棄された旧河道とに分けることができる。扇状地の河川は，後述する自然堤防帯の河川に比べて縦断勾配が急である。そのため，溢流した洪水流は，ある程度横に広がるものの扇端方向へ速やかに流下する。そのため，扇状地全体から見れば，現河道は扇状地のごく一部を構成する要素である。そして，扇状地における氾濫原とは，まさに，この現河道域に沿って形成される。現河道が放棄され，新たな河道が形成されれば，氾濫原もまた移動することになる。

 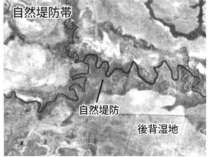

図 1.2　扇状地と自然堤防帯の景観

1.1.3 自然堤防帯と河川

　扇状地の下流側には，主な堆積物が砂泥となる自然堤防帯が広がる。約7000年前の縄文海進時，現在の自然堤防帯の位置は海水で満たされ，内湾となっていた。その後，河川から運ばれてくる土砂の堆積により，河口部の三角州が海側へ徐々に前進していくにつれ，三角州の上面を成していた頂置層（デルタフロントプラットフォーム）が内陸側より徐々に海から離水し，河川のシステムに組み込まれていった[6),7)]。この河川のシステム下におかれた低平な土地に自然堤防帯が発達した。

　自然堤防帯の縦断勾配は扇状地よりも緩やかであり，一般に河川は蛇行して流れる（図1.2）。流路は一本化して深くなり，中州（砂礫堆）は形成されない。一方で，蛇行部の内側に寄州（ポイントバー）が形成されることがある。自然堤防帯では，流路に沿って形成される自然堤防とその背後に形成される広大な後背湿地が主要な地形要素となる。自然堤防は，洪水流が流路から溢流するとき，急激に水深が浅くなるために粗粒な砂が堆積して形成される微高地である。低平な自然堤防帯では，自然堤防を越えた洪水流は，薄く面的に広がり，長時間留まる。その湿潤な環境に形成されるのが後背湿地である。後背湿地は，自然堤防帯の全域に広がる。すなわち，自然堤防帯では，平地部のほぼ全域が氾濫原であり，その面積は流程の中で最も広大である。

　一見，安定しているように見える蛇行流路も，蛇行外岸側の河岸侵食や流木の集積による流れの閉塞，多様化等により，時間とともに形状を変え，徐々に移動する（channel migration）。蛇行の屈曲度が増し，侵食を受けている河岸が接近してつながると，流路の短絡（ショートカット）が生じ，迂回していた流路は取り残される。これが河跡湖（三日月湖）である。扇状地では，河道の移動に伴って氾濫原も移動したが，自然堤防帯では，広大な氾濫原の中を流路が移動している，と対比することができる。

1.2 氾濫原の構造と生態的機能

　氾濫原の景観は流程に沿って大きく変化するが，氾濫原を特徴づける本質的な要素は共通している。すなわち，氾濫原は，洪水攪乱（洪水による冠水や物理的な破壊を伴う攪乱）によってその構造と生態的機能が形成・維持される河川の主要な景観要素である。

　氾濫原には，土砂の堆積や侵食により変異に富んだ微地形が形成され，水域と陸域ならびにその遷移帯が形成される。氾濫原に形成される水域を総称して，氾濫原水域と呼んでいる[9]。氾濫原における水域，陸域，遷移帯は，洪水によって時空間的に変動するとともに，冠水の頻度や強度に関連して，異なる物理水文条件を持ち，全体として多様な環境を創出する。この多様な環境が，さまざまな生態特性を持つ陸生・水生生物の生息場所となり，氾濫原における高い生物多様性を保つ基盤となっている[10),11),12)]。ここでは，水域，陸域，遷移帯といった非生物的な条件で区分される場を指して「氾濫原の構造」という。また，氾濫原の構造やそこで生じる洪水撹乱等の現象が，直接・間接的に生物や物質循環などを含む生態系に果たす役割を「氾濫原の生態的機能」という。

　以下では，これまで多くの研究がなされている扇状地と自然堤防帯の氾濫原を取り上げ，その構造と生態的機能について述べる。1.2.1 と 1.2.2 では，特に扇状地と自然堤防帯における洪水攪乱形態に着目し，それに適応した生活史戦略を持つ代表的な生物を紹介する。これにより，扇状地と自然堤防帯とでは，異なるメカニズムを介して，洪水攪乱が氾濫原生態系にとって重要な役割を担っていること，また，洪水攪乱により創出される場を特異的に利用する生物にとって，洪水攪乱は個体群存続の生命線であることが理解される。1.2.3 では，概念的には，扇状地でも自然堤防帯でも共通する氾濫原の生態的機能について述べた。

1.2.1 扇状地における氾濫原の構造と洪水攪乱の生態的機能

　扇状地全体を見渡せば，過去 1 万年程度の時間スケールの中で形成された

旧河道による線状の微低地や土石流堆などの微高地といった地形が存在する。ただし，氾濫原と認識されるのは，比較的短い時間スケールの中で頻繁に河川による増水の影響を受ける現河道域である。

扇状地河川は，一般に，裸地の砂礫堆（bar：一般には砂礫河原）を形成し，網状の流路を呈し，氾濫原には比高の異なる微高地がモザイク状に分布する（図1.3）。水が流れなくなった放棄流路による微低地，湧水や伏流水を起源とする流路や湿地も存在する。網状の流路は，主流路，二次流路などに分けられ，それらと主に下流端でつながった半止水域（side-arm, backwater, ワンドなど呼称はさまざま）や，孤立したたまり状の止水域も見られる。

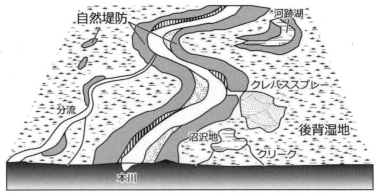

図1.3 扇状地（上）と自然堤防帯（下）における氾濫原の構造
（永山ほか（2015）[9]を一部改編）

扇状地河川の景観を構成するこれらの要素は，洪水時における物理的な攪乱によって，その配置や量を常に変化させている．その変化は，相対的に流路からの比高が小さな領域で頻発し，また，そのような領域における攪乱の強度は相対的に大きい．こうした物理的な破壊を伴う攪乱は，生物個体レベルでは死亡の原因となり，短期的には生物量を減少させると考えられる．しかし，この物理的な攪乱によって，陸域と水域の多様な地形構造が更新・維持され，それに伴う基質・水分条件等が形成される．そして，この動的ではあるが，全体的には多様な生息環境が維持された氾濫原に適応した生活史戦略を持ち，個体群レベルの存続が可能となっている生物も多く，扇状地河川に特有の生態系が形成されている．

　例えば，ヤナギ科（Salicaceae）の植物の稚樹は，攪乱頻度の高い砂礫地に定着するが，種子をつける母樹は流路からの比高が大きいより安定した立地に分布している[13]．稚樹が定着した更新サイトの多くは，その後の洪水によって消失するが，主流路の移動などによって稀に安定した立地となり，そこでは母樹にまで成長する．多くの稚樹を死滅させ，規模によっては幼樹や母樹をも根こそぎ倒伏させる洪水攪乱ではあるが，それによって形成される砂礫堆や生じる流路変動がなければ，ヤナギ科の植物は持続的に個体群を維持できないのである．これについては，4章の札内川の事例に詳しく解説されている．

　比高が異なる地形面に異なる植物群落が成立することも知られている．流路からの比高が小さく洪水攪乱を受けやすい立地には，比較的寿命が短く，若齢で種子をつける先駆性の樹種が成立するのに対し，比高が大きく攪乱を受けにくい立地には，遷移中後期の樹種が成立する[14]．さらに，攪乱が頻発する砂礫地には一年生や多年生の草本群落が，放棄水路や湧水・伏流水に由来する微低地に形成された湿地域には湿地性の植物群落が成立する[15]．

　洪水攪乱に関連して成立する砂礫地，草地，樹林地は，それぞれが異なる鳥類の繁殖や営巣場所となることも知られている[16]．特に砂礫地は，イカルチドリ（*Charadrius placidus*）やコチドリ（*Charadrius dubius*），イソシギ（*Actitis hypoleucos*）のほか多数の近縁種が採餌，繁殖，営巣場所として特異的に利用することが知られており[16),17),18]，氾濫原における鳥類群集を特徴

づけている。加えて，砂礫地は，極めて豊富な種からなる昆虫群集の生息場所としても知られており[19]，カワラバッタ（*Eusphingonotus japonicus*）のように特異的に砂礫地に依存する種も存在する[20]。また，氾濫原の利用とは多少異なるが，母川回帰したサケ属（*Oncorhynchus*）の親魚は，砂礫堆の形態や分布に密接に関連する伏流水や地下水の湧出する砂礫河床に産卵床を形成する[21]。

1.2.2　自然堤防帯における氾濫原の構造と洪水撹乱の生態的機能

　自然堤防帯における原生的な氾濫原は，主に，蛇行流路沿いに発達する自然堤防による微高地と，その背後に形成される広大な後背湿地からなり（**図1.3**），自然堤防上には樹木が生育し，後背湿地には湿地性の草本植物が生育する。自然堤防の幅は流路幅の数倍以上も大きく，特に湾曲部外岸で広く高く発達する[22]。実際の氾濫原には，旧河道や支川・分流沿いに発達した自然堤防も残存している。そのため，横断的に見ると，自然堤防と後背湿地が繰り返し出現するような分布形態となる。自然堤防は線状に連なったものだけでなく，旧河道由来の自然堤防の埋め残しと見られる島状のものや，破堤によって後背湿地側に突き出した樹枝状のもの（クレバススプレー）も存在する[2]。また，比高の大きな河畔砂丘が存在する場合もある[23]。さらに，流路の自然短絡によって取り残された三日月湖（河跡湖），後背湿地に形成される浅い沼沢地やクリーク，分流などの氾濫原水域が存在する。

　自然堤防帯の景観を構成するこれらの要素は，扇状地河川とは対照的に，洪水時においても安定している。1.1.3 において，蛇行流路も移動し景観構造が変化することを述べたが，その変化速度は扇状地河川と比べて相対的に緩やかである。ただし，ひとたび洪水が発生すると，氾濫水は後背湿地を覆い，広大な冠水域が長時間にわたって形成される。扇状地河川における洪水攪乱の主役が破壊を伴う物理的攪乱であったのに対し，自然堤防帯における洪水攪乱の主役は冠水であると言える。この冠水を直接または間接的に利用した生活史戦略を持ち個体群を維持する生物が自然堤防帯には数多く存在し，氾濫原生態系を特徴づけている。

　氾濫による水深の増大や新たな冠水域の形成は，いくつかの淡水魚類の生

活史に欠かせない。例えば，扇状地から自然堤防帯への移行帯付近に分布する天然記念物のアユモドキ（*Leptobotia curta*）は，一時的に創出される冠水域を唯一の産卵場として利用する[24]。アユモドキは，急激な水位上昇が最終的な引き金となり，冠水域に移動して産卵を行う。1～2日で孵化した仔魚は，成魚と同様の生息場である恒常的水域に移動するまでの約1か月間，その場にとどまって生育する。つまり，アユモドキの繁殖が成功するためには，増水によって約1か月間持続する一時的な冠水域が必須なのである。

　フナ属（*Carassius*），ナマズ（*Silurus asotus*），ドジョウ（*Misgurnus anguillicaudatus*）などは，かんがい期において水が引き入れられた水田水路に侵入し，産卵を行うことが知られている[25]。かんがい期の取水による水田地帯の水域形成は，原生的な氾濫原で言えば，後背湿地の冠水に類似する。自然堤防帯における原生的な氾濫原には，平水時において侵入しにくい河跡湖や沼沢地が多数存在していたと考えられる。氾濫によってこれら水域間の移動が可能になることで，これらの魚類は，産卵場所を広域に展開できるようになる。このことは，水域の干上がりや埋没，長期間の孤立といった環境変動が想定される氾濫原において，広域な生息分布を維持し，個体群を存続させるうえで理に適っている。

　魚類の移動範囲が広がる恩恵は，魚類に寄生して幼生期を過ごす淡水性二枚貝類にとっても個体群維持の観点から重要である。イシガイ（*Unio douglasiae nipponensis*）やヌマガイ（*Anodonta lauta*）などの二枚貝の幼生（グロキディウム幼生）は，母貝から水中に放出されたのち，魚類の鰓（えら）や鰭（ひれ）に寄生する。能動的に長距離を移動することができない二枚貝類にとって，この寄生期間は，生息域を広げる唯一のチャンスである。この分散により，時空間的に変動する生息適正地への定着を可能にし，生息域と個体群の維持を可能にしていると考えられる。

1.2.3 氾濫原のさまざまな生態的機能

　ここまでに述べた以外にも，氾濫原はさまざまな生物の生息場として機能し，生態系の基盤形成にも強く影響を与えている。

　本川との連結性（または冠水頻度）の程度が異なる氾濫原水域では，種数

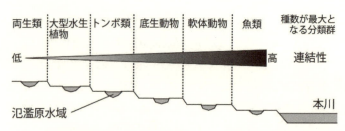

図 1.4　氾濫原水域において種数が最大となる分類群と本川との連結性の関係を示す概念図（Tockner et al.（1998）[26]と Laske et al.（2016）[27]を参考に作成）

が最大となる生物分類群も異なり，したがって，さまざまな連結性を有する氾濫原水域が存在するほど，全体的な生物多様性が増すという仮説が 1998（平成 10）年に発表された[26]。この論文では，いくつかの動植物分類群を例としてその概念を示している（図 1.4）。これまでのところ，二枚貝類などの軟体動物や魚類の生息にとって，連結性の高い水域（魚類は本川も）が重要であること[27),28),29)]，氾濫原水域の連結性の変異が大きいと全体的な魚類群集や底生動物群集の多様性が増すこと[30),31)]などが実証されている。本仮説は，未だ さまざまな分類群について十分に検証されているとは言い難い。しかし，種や分類群によって選好する生息環境が異なることは広く知られているところであり，連結性に関連した氾濫原環境の多様性と生物の多様性の関わりを示す端的な概念として重要である。

　流域全体における魚類相の中で，氾濫原を産卵場として利用する魚種を整理した木曽川水系（流域面積約 9 100 km^2）の事例では，淡水域で産卵する在来種 52 種のうち 23 種に氾濫原依存の繁殖特性が認められ，うち 11 種は環境省レッドリストの絶滅・準絶滅危惧種であった[32]。世界的に多くの種が絶滅の危機に瀕している淡水性のイシガイ科二枚貝類（Unionidae）についても，河川における主たる生息場は，本川の岸際や氾濫原水域である。また，氾濫原に成立する渓畔林や河畔林は，冠水への耐性を持つ樹種や，洪水による物理的な撹乱に適応した生活史戦略を有する樹種から構成されており，独特の群集構造を形成する。さらに，氾濫原を構成する河原，草地，河畔林に依存して多様な鳥類群集が成立する[16]。このように，氾濫原には多様な

生物が依存しており，種の多様性が際立って高い景観要素となっている[12]。

　また，氾濫原には，上流から運ばれてきた他生性ならびに氾濫原内で生成された自生性の栄養塩や有機物を貯留し，急激な下流への流出を抑える効果があり，それによって，氾濫原における一次生産が増大するなど，分解過程を含む生態系の機能が影響を受ける[33),34)]。オーストリアのドナウ川で行われた研究では，氾濫原水域が本川から孤立している期間と，本川流量がやや増大して連結している期間の2時期について，栄養塩濃度と一次生産量を測定した結果，どちらも連結時のほうが高くなることが示された[34)]。また，この研究から，浮遊砂（SS），細粒有機物（FPOM），粒状有機炭素（POC），硝酸態窒素については，氾濫原への移入量が移出量を上回っており，氾濫原はシンクとして機能したのに対し，溶存有機炭素（DOC），藻類生物量（クロロフィル a），粗粒有機物（CPOM）は，移出量が移入量を上回っており，氾濫原はソースとして機能したことが示された。

　以上のように，河川の氾濫は，地形の攪乱，冠水による物質や生物の移動を促進し，独特の河川－氾濫原生態系を創出している。これは，当初，洪水パルス説（flood-pulse concept：FPC）として提唱された概念であり[10)]，これまでにさまざまな実証的研究が行なわれてきた。FPCでは，氾濫による冠水域を水域・陸域遷移帯（aquatic/terrestrial transitional zone：ATTZ）と呼んだ。FPCの舞台となったアマゾン川やミシシッピ川では，季節的に予測可能な氾濫が長期にわたって発生し，ATTZが形成される。ATTZを生息場として利用する生活史戦略を持った生物は多く，そのため，多様かつ独特な河川－氾濫原生態系が形成されると考えられたのであった。

1.3　河道内氾濫原

1.3.1　河道内氾濫原の定義

　近代以降，農地開発と治水を目的として，河川沿いには，連続的に堤防が整備されるようになり，河川は堤防に挟まれた狭い空間に制限された。堤防により洪水から守られる土地を堤内地，堤防より河川側の土地を堤外地という。堤防の整備により，通常，洪水流は堤外地のみを流れることになった。

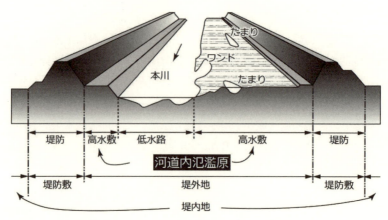

図 1.5　河道内氾濫原の構造（永山ほか（2015）[9]）を一部改変）

　空間的な広がりや洪水攪乱の規模・強度・頻度において原生的な氾濫原とは異なるものの，洪水攪乱によって特徴づけられる「氾濫原的な環境」が堤外地に残った。この領域を「河道内氾濫原」と呼んでいる[9]）。河道内氾濫原は，基本的に，堤外地のうち低水路を除くエリアと言い換えることが可能である（図 1.5）。ただし，扇状地河川で低水路内に形成される砂礫堆も，増水時に冠水するエリアという氾濫原の定義に則れば，氾濫原と捉えることができる。

　自然堤防帯における堤外地には，多くの場合，中小洪水時に流水が集中して流れる「低水路」と，流量が増加したときだけ水が流れる「高水敷」が存在する。高水敷には，河岸侵食からの堤防防御や人の利用の目的で人工的に造成されたもの，また，土砂の堆積によって低水路に形成された比高の大きな砂礫堆（中水敷と呼ばれることもある）が含まれる。河道内氾濫原は，これら高水敷をすべて含む領域と定義される[9]）。

　一方，流路変動が激しい網状を呈する扇状地河川では，高水敷と低水路を明確に設けた管理が困難なことから，必要に応じて部分的に高水敷が造成されることが多い。そのため，高水敷を持たない区間も多く存在する。砂礫堆に由来する高水敷は，自然堤防帯と同様，扇状地でも形成される。低水路には，網状流路，止水・半止水域（ワンドやたまり），砂礫堆などが共存しており，自然堤防帯とは違って，低水路内にも氾濫原が存在すると捉えること

ができる。

なお，ここで述べた低水路と高水敷の一般的な定義は，河川管理者が管理上設定しているそれらとは必ずしも一致していない。これについては，コラム2を参照いただきたい。

1.3.2 河道内氾濫原の構造

2章で詳しく説明されるように，堤外地に限定された河道内氾濫原の景観もまた，さまざまな人為的影響によって大きく変化してきた。そのため，現在，扇状地と自然堤防帯に位置する河道内氾濫原は，前述したような地形区分に対応した本来の氾濫原の構造とは異なる状況となっている。

堤外地における河川景観に着目した場合，現在の日本の河川をある程度網羅する典型的な河道タイプを見出すことができる。ここでは，河道タイプ別に河道内氾濫原の構造を説明する。

土砂供給量または流送土砂量が多い河川は，網状流路と裸地状の砂礫堆が優占する河道タイプとなる（タイプ1，図1.6）。すなわち，頻繁な洪水攪乱により植生が定着できない active channel が優占するタイプである。このタイプは，扇状地河川によく見られるが，流送土砂量の多い自然堤防帯の河川にも見られる。横断的には，低水路がほぼ active channel で占められ，造成または自然形成された高水敷も存在する場合が多い。低水路には，二次流路や止水・半止水域，湿地域が認められる。また，流路と砂礫堆が成す起伏が存在し，草本の繁茂がところどころに見られる。

タイプ1とは対照的に，裸地状の砂礫堆がほとんど認められず，陸域が樹林に覆われた河道タイプも存在する（タイプ2，図1.6）。このタイプは，自然堤防帯の河川によく見られ，主流路と樹林地の時空間的変動が少なく固定化している。言い方を換えれば，物理的に安定している。近年，よく問題視される樹林化（または，陸域と水域の二極化）が極度に進行した河道タイプである（詳しくは2章を参照）。樹林地の比高はさまざまであり，異なる冠水頻度の地形面を創出している。その樹林地の中には，本川から孤立し増水時にのみ本川と連結する"たまり"や，常に本川と連結している"ワンド"といった氾濫原水域が見られる。これらの水域もまた物理的に安定しており，

●第1章●氾濫原の定義と生態的機能

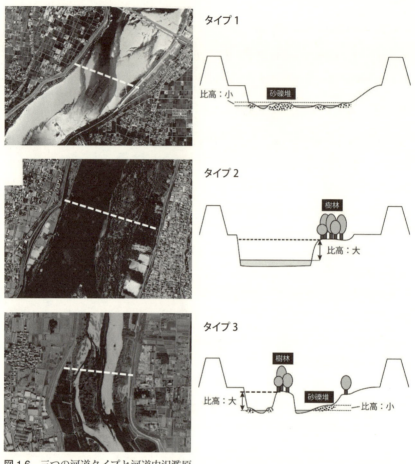

図1.6 三つの河道タイプと河道内氾濫原

原生的な自然堤防帯の氾濫原に見られた河跡湖や沼沢地に類似した環境と言えるかもしれない。

　河道タイプ1と2の中間的な景観を持つ河道タイプもある（タイプ3，図1.6）。このタイプでは，網状流路と砂礫堆のセット，ならびに樹林地が共存している。砂礫堆が固定化し，徐々に樹林地の範囲が拡大している遷移途中にある河川もこのタイプに該当すると考えられる。氾濫原の構造も，河道タイプ1と2の両方の特徴を併せ持っており，active channel の領域と，樹林

に覆われた安定的な領域が共存する。現在，扇状地ならびに自然堤防帯のどちらにも頻出する河道タイプである。

なお，高水敷にあたる空間がほとんどなく，低水路幅いっぱいに流水が見られる区間は，河道内氾濫原が存在しない区間とみなすことができる。主に，河川最下流部によく見られる。

1.3.3 河道内氾濫原の重要性

築堤により，本来の氾濫原である堤内地は，滅多に洪水を受けなくなるとともに，農地や都市へと置き換えられ，本来の生態的機能を喪失した。ただし，湿田や用排兼用水路に代表される昔ながらの農地は，氾濫原依存の多くの生物にとって，代替となる生息場を提供していた。しかし，1949（昭和24）年以降の土地改良事業により，生産性向上に向けた乾田化や水路の整備が大規模に行われた結果，農地の生物生息場としての機能は極度に低下した。

一方，狭められた河川空間に存在する河道内氾濫原では，洪水撹乱の強度や頻度，土砂堆積速度といった氾濫原環境を特徴づける主要な要素が，原生的な氾濫原のそれらとは大きく乖離した[9]。しかし，多くの河川において，1.2で述べたような多様な氾濫原依存種が，過去に比べれば細々と，種によっては危機的状態ではあるものの世代をつないでいる。堤内地（農地）の生息場機能が大きく損なわれた現在，これら多くの希少種や絶滅危惧種も含む氾濫原依存種の保全に対して，河道内氾濫原が果たすべき役割は大きい。

《引用文献》
1) Yokoyama Y., Lambeck K., De Deckker P., Johnston P., Fifield L.K. (2000) Timing of the last glacial maximum from observed sea-level minima. Nature, 406, pp.713-716.
2) 山口正秋・須貝俊彦・大上隆史・藤原治・大森博雄（2006）高密度ボーリングデータ解析にもとづく濃尾平野沖積層の三次元構造，地学雑誌，115，pp.41-50
3) 井関弘太郎（1975）沖積層基底礫層について，地学雑誌，84，pp.247-264
4) 本多啓太・須貝俊彦（2010）日本列島における沖積層の層厚分布特性—沖積平野における災害脆弱性評価のための地形発達モデルの構築に向けて—，地学雑誌，119，pp.924-933
5) 本多啓太・須貝俊彦（2011）第四紀後期における日本島河川の河床縦断面形の変化，地形，32，pp.293-315

6) 海津正倫（1992）木曽川デルタにおける沖積層の堆積過程，堆積学研究会報，36，pp.47-56
7) 大上隆史・須貝俊彦・藤原治・山口正秋・笹尾英嗣（2009）ボーリングコア解析と^{14}C年代測定にもとづく木曽川デルタの形成プロセス，地学雑誌，118，pp.665-685
8) 門村浩（1971）扇状地の微地形とその形成—東海道地域の緩勾配扇状地を中心に—，扇状地—地域的特性—（矢沢大二・戸谷洋・貝塚爽平編），古今書院，pp.55-96
9) 永山滋也・原田守啓・萱場祐一（2015）高水敷掘削による氾濫原の再生は可能か？—自然堤防帯を例として，応用生態工学，17，pp.67-77
10) Junk W.J., Bayley P.B., Sparks R.E. (1989) The flood pulse concept in river flood plain systems. Canadian Special Publications of Fisheries and Aquatic Sciences, 106, pp.110-127.
11) Robinson C.T., Tockner K., Ward J.V. (2002) The fauna of dynamic riverine landscapes. Freshwater Biology, 47, pp.661-677.
12) Tockner K., Stanford J.A. (2002) Riverine flood plains: present state and future trends. Environmental Conservation, 29, pp.308-330.
13) Nakamura F., Shin N., Inahara S. (2007) Shifting mosaic in maintaining diversity of floodplain tree species in the northern temperate zone of Japan. Forest Ecology and Management, 241, pp.28-38.
14) Shin N., Nakamura F. (2005) Effects of fluvial geomorphology on riparian tree species in Rekifune River, northern Japan. Plant Ecology, 178, pp.15-28.
15) Ishida S., Yamazaki A., Takanose Y., Kamitani T. (2010) Off-channel temporary pools contribute to native riparian plant species diversity in a regulated river floodplain. Ecological Research, 25, pp.1045-1055.
16) Yabuhara Y., Yamaura Y., Akasaka T., Nakamura F. (2015) Predicting long-term changes in riparian bird communities in floodplain landscapes. River Research and Applications, 31, pp.109-119.
17) Caruso B.S. (2006) Project river recovery: restoration of braided gravel-bed river habitat in New Zealand's high country. Environmental Management, 37, pp.840-861.
18) Katayama N., Amano T., Ohori S. (2010) The effects of gravel bar construction on breeding long-billed plovers. Waterbirds, 33, pp.162-168.
19) Batzer D.P., Wissinger S.A. (1996) Ecology of insect communities in nontidal wetlands. Annual Review of Entomology, 41, pp.75-100.
20) 竹内将俊・藤田裕（1998）神奈川県におけるカワラバッタ *Eusphingonotus japonicus* (Saussure) の生息地の状況，日本応用動物昆虫学会誌，42，pp.197-200
21) Geist D.R., Dauble D.D. (1998) Redd site selection and spawning habitat use by fall chinook salmon: the importance of geomorphic features in large rivers. Environmental Management, 22, pp.655-669.
22) Hudson P.F., Heitmuller F.T. (2003) Local- and watershed-scale controls on the spatial variability of natural levee deposits in a large fine-grained floodplain: Lower Pánuco Basin, Mexico. Geomorphology, 56, pp.255-269.

23) 森山昭雄（1972）沖積平野の微地形，地質学論集，7，pp.197-211
24) 岩田明久（2006）アユモドキの生存条件について水田農業の持つ意味，保全生態学研究，11，pp.133-141
25) 斉藤憲治・片野修・小泉顕雄（1988）淡水魚の水田周辺における一時的水域への侵入と産卵，日本生態学会誌，38，pp.35-47
26) Tockner K., Schiemer F., Ward J.V. (1998) Conservation by restoration: the management concept for a river-floodplain system on the Danube River in Austria. Aquatic Conservation: Marine and Freshwater Ecosystems, 8, pp.71-86.
27) Laske S.M., Haynes T.B., Rosenberger A.E., Koch J.C., Wipfli M.S., Whitman M., Zimmerman C.E. (2016) Surface water connectivity drives richness and composition of Arctic lake fish assemblages. Freshwater Biology, 61, pp.1090-1104.
28) Lasne E., Lek S., Laffaille P. (2007) Patterns in fish assemblages in the Loire floodplain: The role of hydrological connectivity and implications for conservation. Biological Conservation, 139, pp.258-268.
29) Negishi J.N., Sagawa S., Kayaba Y., Sanada S., Kume M., Miyashita T. (2012) Mussel responses to flood pulse frequency: the importance of local habitat.Freshwater Biology, 57, pp.1500-1511.
30) Bolland J.D., Nunn A.D., Lucas M.C., Cowx I.G. (2012) The importance of variable lateral connectivity between artificial floodplain waterbodies and river channels. River Research and Applications, 28, pp.1189-1199.
31) Gallardo B., Dolédec S., Paillex A., Arscott D.B., Sheldon F., Zilli F., Mérigoux S., Castella E., Comín F.A. (2014) Response of benthic macroinvertebrates to gradients in hydrological connectivity: a comparison of temperate, subtropical, Mediterranean and semiarid river floodplains. Freshwater Biology, 59, pp.630-648.
32) 永山滋也・森照貴・小出水規行・萱場祐一（2012）水田・水路における魚類研究の重要性と現状から見た課題，応用生態工学，15，pp.273-280
33) Bayley P.B. (1995) Understanding large river-floodplain ecosystems. BioScience, 45, pp.153-158.
34) Tockner K., Pennetzdorfer D., Reiner N., Schiemer F., Ward J.V. (1999) Hydrological connectivity, and the exchange of organic matter and nutrients in a dynamic river-floodplain system (Danube, Austria). Freshwater Biology, 41, pp.521-535.

コラム1 山地部における氾濫原

　山地部のＶ字谷や断崖に挟まれた峡谷では，氾濫原が発達する空間はほとんどないが，谷が土砂で埋積されると，谷底に平坦面が出現し，氾濫原が発達するようになる。この平坦地は，沖積平野の中でも特に谷底平野と呼ばれる。谷底平野には，幅の狭いものから，盆地と称される広いものまで含まれる。洪水流が谷幅いっぱいに流れる場所は，谷底平野の全幅が氾濫原である。洪水流が及ばない段丘が存在する場合，氾濫原は段丘崖の下の空間に制限される。段丘面は，かつての河床または氾濫原である。

　大きな盆地を除けば，山地部に形成される氾濫原は比較的小規模であり，短時間のうちに氾濫が収束する。そのため，氾濫原としての認識は一般に低い。しかし，平野部の氾濫原と同様，山地部の氾濫原にも特徴的な生物相が形成されるし，河川との重要な相互作用があることも知られている。それゆえ，山地部においても，氾濫原の存在は強く認識されるべきである。

　例えば，山地部の氾濫原では，洪水攪乱に関連した立地環境の違いで異なる樹種が優占し，多様な種からなる渓畔林が成立する[1]。また，側流路やたまり状の水域，河岸際の半止水域が存在し，水生生物の生育場，産卵場，出水時における避難場として機能する[2,3]。やや広い谷底部で

山地氾濫原
平水時の様子（左）と増水時に冠水した渓畔の林床（右）

は流路が網状を呈するなど，多様な地形構造も形成される。さらに，渓流生態系にとって重要な有機物供給源である落葉を貯留し，急激な流出を抑え，系内への取り込みを可能にしている。このように，山地部の氾濫原は山地河川の生態系を形作るうえで，重要な役割を果たしている。それゆえ，平野部の氾濫原と同様，その存在と重要性が強く認識され，治山や砂防を含む河川に関わる管理の場で，十分に配慮される必要がある。

《引用文献》
1) Nakamura F., Yajima T., Kikuchi S. (1997) Structure and composition of riparian forests with special reference to geomorphic site conditions along the Tokachi River, northern Japan. Plant Ecology, 133, pp.209-219.
2) Negishi J.N., Inoue M., Nunokawa M. (2002) Effects of channelisation on stream habitat in relation to a spate and flow refugia for macroinvertebrates in northern Japan. Freshwater Biology 47, pp.1515-1529.
3) Sueyoshi M., Nakano D., Nakamura F. (2014) The relative contributions of refugium types to the persistence of benthic invertebrates in a seasonal snowmelt flood. Freshwater Biology, 59, pp.257-271.

コラム2　堤外地の構造：高水敷と低水路の定義

　河川管理上の高水敷とは，河岸侵食から堤防を防御するための"侵食しろ（余裕）"であり，堤防とセットで造成される敷地である。また，人の利用のために造成されることもある。高水敷の高さは，概ね2〜3年に1回程度冠水する高さになっている場合が多いと言われる。河川管理上の低水路は，堤外地のうち，この造成された高水敷を除く範囲であり，平水時ならびに中小洪水時の流水が流れる場所である。高水敷がない単断面河道では全幅にわたり低水路となる。

　このように，主に堤防建設に伴って，河川管理上の領域区分として高水敷と低水路は定義された。しかし，その後の低水路における地形変化

に対応して，それぞれが指し示す領域が微妙に変化してきている。現在では，河床低下によって本川からの比高が拡大した砂礫堆由来の陸域も，一般に高水敷と呼ばれている。この場合，低水路は，河川管理上の低水路から，砂礫堆由来の高水敷を除いた範囲として認識される。この領域区分は，高水敷が元々，大きな流量のときのみ冠水する場として定義されていることからすれば，河川管理上の設定区分よりも，むしろ実態に即している。1章では，この実態に即した高水敷と低水路の領域区分を採用し，河道内氾濫原の定義に用いている。

一方，比高が小さく頻繁に洪水攪乱を受け，裸地状もしくは草本が生育するような砂礫堆は，河川管理上，高水敷ではなく低水路に分類される。海外では，頻繁な洪水攪乱により，植物の安定した立地環境にならないこの領域を「active channel」の領域として捉える。つまり，裸地状の砂礫堆を持つ河川における低水路は，active channel に相当する。しかし，1章では，裸地状の砂礫堆も増水時に冠水する領域として高水敷と同等とみなし，氾濫原として扱っている。

なお，比高が拡大し高水敷化した砂礫堆や，造成された高水敷を面的にやや切り下げた土地は，低水路と高水敷の中間的な比高の土地であることから，中水敷と呼ばれることもある。

コラム3　氾濫原と植物

　河川の氾濫や流路の移動に伴う攪乱は，それまで競争力の高い少数の種に独占されていた場所や資源を多様な種に開放するプロセスであり，植物の多様性維持に本質的な役割を担っている。資源をめぐる競争には弱いものの，攪乱のチャンスを捉えて個体群を維持する生活史戦略をもつ植物は，攪乱依存種と呼ばれる[1]。一般に攪乱依存種は，比較的成長が速く，小さな体サイズで繁殖を開始し，小型の種子を多数つけ，短命であるという性質をもつ。

氾濫原には，攪乱の程度や頻度が異なる多様な場が存在する。攪乱のあり方は植物の生活史形質に対して強い選択圧となるため，氾濫原のタイプによって，性質の異なる植物が進化しやすい。自然堤防帯区間の氾濫原では，ヨシのように競争力が強い植物が優占する植生が卓越しやすく，攪乱は流路の変化や出水時の土砂の堆積など稀なイベントで生じる。このような稀な攪乱を利用して生育する植物には，長寿命の土壌シードバンク（埋土種子集団）を形成する性質をもつものが多い[2]。例えばヨシ原で攪乱が生じたとき出現するタデ科やカヤツリグサ科の植物には，種子が休眠性を有し，土壌シードバンクを作りやすい種が多く認められる[3),4)]。土壌シードバンクの長期的な維持は，動物のように生育適地に能動的に移動することができない植物にとって，生育に好適な条件が整えられるまで「待つ」戦略として重要である。

一方，扇状地の網状河川の砂州のように攪乱が高頻度に生じる条件では，ヨシのように大型の種の優占群落が成立する場所は限られ，攪乱依存種を主な構成種とする植生が広い面積を占める場合が多い。これらの植生を構成する攪乱依存種には，土壌シードバンクを形成しない種も多い。例えば扇状地の礫河原に生育するカワラノギクやカワラサイコなどは，長寿命な土壌シードバンクを作りにくい種子の特性を持っている[5),6)]。生育適地が高頻度に生成される条件では，土壌中に種子を残さずに早期に個体群を発達させるほうが，個体群成長速度を高めるものと考えられる。

氾濫原と植物の関係を理解するうえで，攪乱とともに重要なプロセスとして，種子や栄養塩の輸送と堆積が挙げられる。河川水は，自ら移動能力をもたない植物にとって重要な移動媒体である。浮遊するための特別な器官を有する種子はもちろん，いったん土砂中に取り込まれた種子でも，洪水時には土砂とともに移動する。これを種子の二次分散という。土砂とともに河川を流下した種子は，氾濫原の流速が低下する場所に，シルトや細砂とともに堆積する[7),8)]。植物の種子がさまざまな有機物や栄養塩を吸着したシルト分とともに堆積する過程は，攪乱後の植生の復活において重要な段階であると考えられる。

《引用文献》
1) Grime J.P. (2002) Plant Strategies, Vegetation Processes, and Ecosystem Properties. 2nd ed. John Wiley & Sons, West Sussex.
2) Thompson K., Bakker J.P., Bekker R.M., Hodgson J.G. (1998) Ecological correlates of seed persistence in soil in the north-west European flora. Journal of Ecology, 86, pp.163-169.
3) Nishihiro J., Araki S., Fujiwara N., Washitani I. (2004) Germination characteristics of lakeshore plants under an artificially stabilized water regime. Aquatic Botany, 79, pp.333-343.
4) Araki S., Washitani I. (2000) Seed dormancy/germination traits of seven *Persicaria* species and their implication in soil seed-bank strategy. Ecological Research, 15, pp.33-46.
5) Washitani I., Takenaka A., Kuramoto N., Inoue K. (1997) *Aster kantoensis* Kitam., an endangered flood plain endemic plant in Japan: its ability to form persistent soil seed banks. Biological Conservation, 82, pp.67-72.
6) 倉本宣・辻永和容・斉藤陽子 (2000) 多摩川におけるカワラサイコとヒロハノカワラサイコの分布と発芽の特性について，日本緑化工学会誌，25, pp.385-390
7) Hayashi H., Shimatani Y., Shigematsu K., Nishihiro J., Ikematsu S., Kawaguchi Y. (2012) A study on seed dispersal by flood flow in an artificially restored floodplain. Landscape and Ecosystem Engineering, 8, pp.129-143.
8) Nakayama N., Nishihiro J., Kayaba Y., Muranaka, Washitani I. (2007) Seed deposition of *Eragrostis curvula*, an invasive alien plant on a river floodplain. Ecological Research, 22, pp.696-701.

第2章
劣化する河道内氾濫原

2.1 日本における氾濫原環境の変遷

　本節では，わが国の平野の開発史を，古代から近世（江戸時代）までと，近代（明治時代～戦前）から現代（戦後）に分けて概説する。近世と近代の間に節を設けたのは，近世までの開発の目的が，主に食料の生産基盤となる耕地の獲得であったこと，近代以降は土木技術の大幅な進歩と国家政策により開発が大規模かつ広域に行われるようになったこと等を鑑みてのことである。前者においては，平野部の開発に至る流れを，主に日本における耕地の拡大の視点から時間軸に沿って見ていく。後者においては，近代土木技術により平野部で行われてきた各種の事業に注目し，各事業が平野部の環境に与えた影響について見ていく。

2.1.1 近世以前の国土開発

　近世以前の平野の開発は，主に耕地の開発によるものであった。耕地の開発には，各時代の土地制度および租税制度が深く関わっている。また，土木技術の向上により，それまでは開発が困難であった土地が開発の対象となりえた転換期もみられる。これらの流れを概説する。

　日本の人口および耕地面積の推移を図 2.1 に示す。わが国の人口は，度重なる飢饉や疫病，戦争等の要因によって一時的に減少することはあっても，近年までは増加傾向を保ってきた。鎌倉時代，室町時代に 800 万人前後で微増傾向であった人口は，江戸中期にあたる 1600 年代と，明治政府が成立し

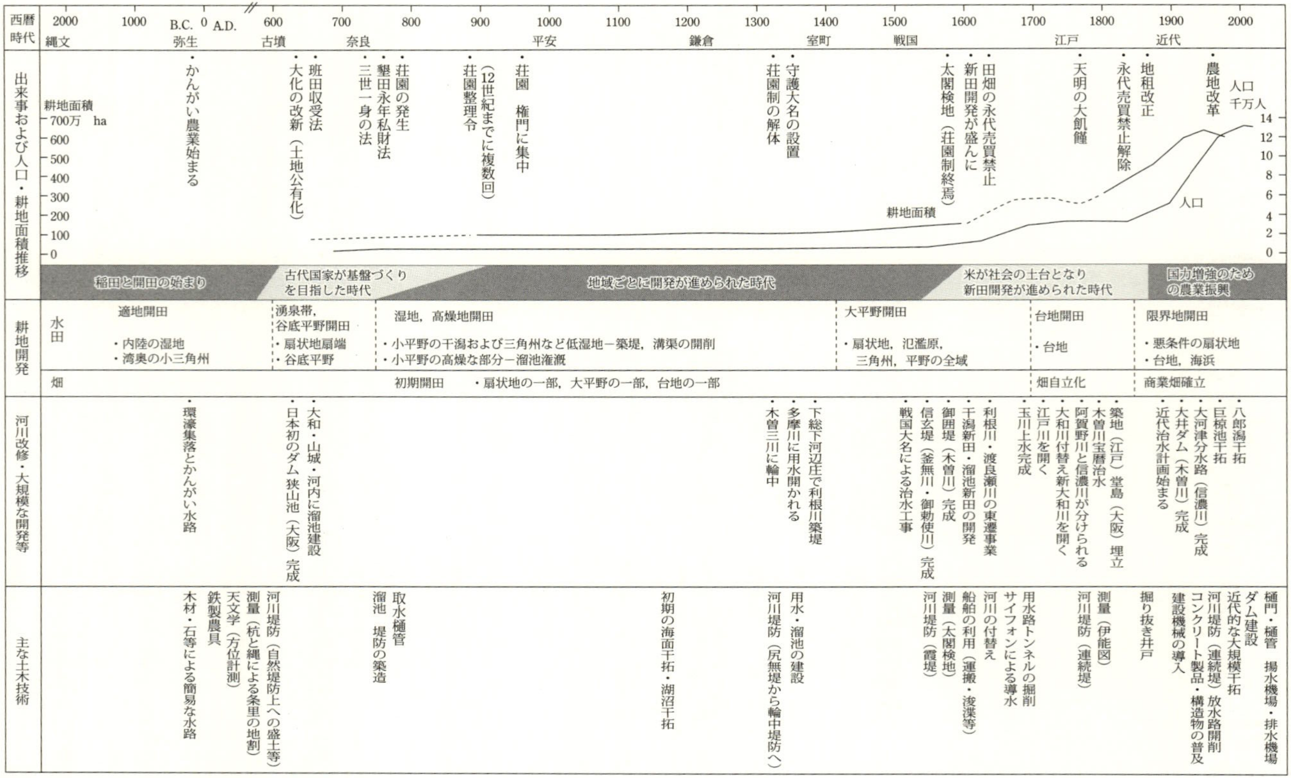

● 第 2 章 ● 劣化する河道内氾濫原

図 2.1 日本の人口および耕地面積の推移

24

た 1800 年代後半に，大きな伸びを見せている．また，人口を支える耕地の面積も概ねこれと同様の傾向が見られる．

耕地の開発は，縄文時代にまで遡る．縄文時代後期に大陸から稲作が伝来して以降，田畑を切り開き，集落を構えた定住型の生活が営まれてきたことが各地の遺跡の調査により明らかとなっている．遺構から推定される当時の土木技術は，かんがい・排水路の開削，木材を加工した矢板や杭，石による水路や水田の畔の補強といったもので，大規模な開発は困難であり，水利が良く土地が肥沃な後背湿地等を選んで集落が構えられた．縄文晩期の元屋敷遺跡（新潟県朝日村）は山間地の河岸段丘に位置し，背後の山から集落を横切る小河川の流路を付け替えた跡や盛土による堤防の跡が見つかっている．日本最古の水稲耕作跡が確認された板付遺跡（福岡県博多区）は，低位段丘に集落が位置し，周囲の沖積地にかんがい水路や井堰の遺構を伴う水田跡が確認されている．弥生時代の集落遺跡である登呂遺跡（静岡県静岡市）は，自然堤防由来の微高地に集落が立地し，後背湿地に水田が開かれている．

集落の生産力が拡大するなかで貧富の差が生じ，集落間の支配関係が進行するなかで，支配階級として台頭した氏族がいわゆる豪族である．豪族が王墓として築造した古墳が，西日本を中心に残っている．古墳の築造には，渡来人がもたらした土木技術・測量技術等が用いられた．豪族支配のもと，開発は集団化され，耕地が拡大されたが，自然取水によるかんがいが耕地拡大の制約となり，近畿地方を中心に，土堤による「ため池」が作られはじめた．その後，豪族間で勢力の連合や衝突を経て，古代王朝が成立していく．7 世紀前半に築造されたとされる狭山池（大阪府大阪狭山市）は，日本最古のダム式のため池として知られている．狭山池の土堤には，葉のついた枝を敷き並べてその上に盛土する敷葉工法が用いられ，丸太をくり抜いた管を 60 m あまりもつないだ樋管を土堤に埋め込むなど，中国で発明され朝鮮半島経由で伝来した土木技術が用いられている．敷葉工法は，狭山池よりも古い河川堤防にも見られ，自然堤防の頂部に土を盛った堤防が集落を守るように築造された遺構が見つかっている．

大化の改新（645 年）により，土地はすべて国有とされ，それまでの豪族らの私有地は没収された．さらに班田収受法により，6 年ごとに戸籍に基づ

いて班田収受(公有地である農地の戸籍民への貸与)が行われた。この時代の農地の開発は、条里制という碁盤目の土地割を基調として進められ、その痕跡(条里遺構)は東北から九州までの各地に残っている。民衆は、租庸調の租税に加え、雑徭(労役)が課され、条里に沿った水路と道路の整備、開墾、かんがい工事等に従事した。646年には、耕地開発のための河川堤防の築造の詔が出され、労役による治水工事も進められた。開発が浸水リスクの高い平野の氾濫原に及ぶにつれ、耕地の水害被害も増えていった。

奈良時代には、人口の増加や農地の荒廃による口分田の不足、農民の流亡等への対応、食料増産を目的として、三世一身法(723年)、墾田永年私財法(743年)により開墾が奨励された。三世一身法では、開墾者に対し、かんがい施設の新設も伴う墾田では三代まで、既設のかんがい施設を利用する墾田では一代の所有を認めた。しかし、三世一身法が上手く機能しなかったため、わずか20年後に墾田永年私財法により、墾田の私有を認める一方、国税も徴収する方策がとられた。これらの政策の結果、大化の改新により一度国有化された土地に再び私権を認めることとなり、貴族、寺院やかつての豪族層などによる開発と耕地の私有化が進められ、これが後の荘園につながる。

荘園は私有化された耕地を中心としたものであったため、かんがい施設は荘園ごとに整備された。小河川からの取水やため池により用水を確保することで、高燥地においても耕作が行われるようになったが、荘園ごとに領主が異なるため、統率された大規模な治水工事は行われなくなった。また、水害等によって荒れた耕地を放棄して新たな土地が開墾されるなど、班田収受が行われていた時代と比べて、開発の秩序は薄れた。荘園制は、平安時代、鎌倉時代にも続いたが、武士が支配階級として台頭する過程で、幕府が設置した守護・地頭が荘園領主の勢力を削ぎ、応仁の乱(1467〜1477年)の後は、武力により各地を支配した戦国大名が荘園の権益を支配し、荘園領主が間接的に土地支配する形での荘園制は解体された。

戦国大名は、自国の財政基盤の強化のため、河川堤防の築造、用水・ため池の整備などに力を入れた。戦国時代から江戸時代初期にかけて、各地を治める大名が主導する大規模な開発は、扇状地、自然堤防帯、三角州の平野全

域に及んでいった。武田信玄が行った釜無川・御勅使川（山梨県）の治水事業，加藤清正が行った白川・坪井川等の治水事業，熊本平野・八代平野・玉名平野の干拓と堤防整備等（熊本県）は有名である。また，戦国時代は，戦国大名の強い支配力を背景に，築城，街道整備，鉱物資源の開発なども進められ，治水・利水のみならず土木技術が大幅に進歩した時期でもあり，後の江戸時代の開発を支える下地となった。

　豊臣秀吉が行った太閤検地（1580年代）では，田畑の面積と収穫量が全国的に調査されただけでなく，地権者（納税者）は土地につき一名と定めることによって，土地所有の権利関係が整理された。また，豊臣秀吉の刀狩令（1588年）によって農民の武装解除が図られ，江戸時代の田畑永代売買禁止令（1643年）等を通じて，農民は次第に農地に固定されていった。田畑の永代売買禁止が解かれるのは1872（明治5）年のことであった。なお，1873（明治6）年の地租改正によって，土地所有に再び私権が認められるとともに，土地に対して課税する地租制が導入されている。

　江戸時代の幕藩体制のもと奨励された官営・民営の新田開発は，平野の全域に及ぶだけでなく，それまで開発が困難であった大平野の氾濫原や，水の確保が困難な台地，扇状地の中央部といった，条件が厳しい土地にまで行われた。これを可能としたのは，戦国時代以来の測量技術や土木技術の進歩であり，長大で堅固な堤防を築造する技術，井堰を設けて大河川から取水する技術，取水した水を長い用水路を通じて導水する技術等によるものである。特に，長い用水路を整備するには，わずかな高低差を正確に測ることができる測量技術が必要である。新田開発に伴い，各地に網の目のように用水路が開かれた。

　新田開発には，江戸時代前期，中期，後期にそれぞれピークが見られる。前期の開発は，戦国時代末期から江戸時代初期にかけての食糧増産と政情の安定を受けた人口の増加に対し，かえって食糧不足が生じたこと等を背景として行われた。西日本は，早くから開発が進んでいたため，主に干潟の干拓により新田開発がなされた。東日本では，大河川の広大な氾濫原の開発が西日本と比べて遅れていたため，平野部を中心に開発がなされた。中期の開発は，幕府財政の再建を図る改革が行われた享保年間（1716～1736年）に，

後期の開発は，岩木山と浅間山の噴火等による天明の飢饉（1782～1788年）の後に活発に行われた。特に後期の開発では，未開発のまま残されていた自然堤防帯，三角州，干潟干拓が大々的に進められた。

　新田開発の担い手は，官営・民営さまざまであった。幕府代官や藩が主導して大規模に開発した官営新田だけではなく，農民らが資金を出し合う小規模なものから，資本をもつ商人や土豪が資金を出し住民や小作農を雇って開発したものまで，民営新田の形態もさまざまである。また，新田開発はすべてが成功したわけではなく，水害リスクの高い土地を無理に開墾したために水害により荒廃したり，既存の水利権者と軋轢を起こしたりするなど，失敗したケースも散見された。印旛沼・手賀沼（ともに千葉県）の干拓の失敗はその一例である。

　江戸時代には，河川の流路変更（付け替え）を伴う大規模な治水事業が各地で行われた。代表的な事例を示す。

　木曽川の左岸には，尾張藩（愛知県）を水害から守るため，御囲堤と呼ばれる強固な連続堤が築堤された。御囲堤の原型は，豊臣秀吉が1593年ごろ築き，その後，徳川幕府により1608年に再度着手され，翌年完成した。連続堤の築堤に伴い，木曽川扇状地において尾張領に分派していた幾筋もの派川を締め切る必要があったため，尾張藩はこれに代わる水源として，複数の農業用水と入鹿池等のため池を整備した。御囲堤の整備により，尾張藩の水害は激減したが，対岸の美濃国（岐阜県）側の水害は増加した。これに対して，美濃国側では，古くは鎌倉時代から始まる輪中の形成が加速・強化された。

　利根川東遷事業は，江戸を南流し，江戸の内海（東京湾）に注いでいた利根川・渡良瀬川を，香取海（現在の霞ヶ浦を含む広大な内湾）に付け替えた江戸時代前期の一連の河川改修事業をいう。利根川東遷事業は，江戸を水害から守ると同時に，広大な新田開発，水上交通網の整備といった多義的な事業であった。事業は江戸時代前期に段階的に進められ，利根川の水運は北関東・東北と江戸を結ぶ重要なルートとなった。しかしながら，本事業により，古くから開けていた香取海沿岸地域が甚大な水害被害を蒙るようになった。

　大和川の付け替えは，奈良県から河内平野に出て分流・合流しながら北流

し，大阪城下を経て大阪湾に流れていた大和川を，平野に出た直後の柏原から西に向かって新大和川を開削して付け替えた事業である．旧大和川は，豊臣秀吉の治世から江戸時代初期にかけて，連続堤が築堤されたが，奈良盆地から流出する土砂により天井川化し，河内平野は水害常襲地帯となっていた．1704年の新大和川への付け替えにより，河内平野の水害は減少し，旧流路は新田や木綿の栽培地として開かれた．一方，新大和川の流路に沿った地域では，新川の開削のために多くの農地を失ったほか，水利に支障をきたすようになった．さらに，新大和川の河口にあたる堺は，港湾都市として栄えていたが，新大和川が運ぶ多量の土砂が堆積し，港湾としての機能が低下した．

　新潟県を流れる阿賀野川は，かつて信濃川と河口付近で合流していたが，江戸時代の放水路の開削を契機に分流された．阿賀野川，信濃川が運んだ土砂により形作られた越後平野は，日本海の海流と季節風によって砂丘が発達し，排水困難な低湿地が広がっていた．越後平野の洪水防御と水田の排水不良の改善のため，1730年に，阿賀野川と海を隔てていた松ヶ崎を開削した放水路が建設された．放水路建設の意図は阿賀野川本川を付け替えるものではなかったが，開通翌年の融雪出水により放水路の路床高を固定していた堰が壊れて，放水路が本川となり，信濃川と合流する旧河道の流量は激減した．結果として，阿賀野川の水位は下がって農地の排水は改善されたが，信濃川・阿賀野川合流点付近にあった新潟港の水位が低下して，大型船の入港が困難になるなどの支障をきたした．

　これらの近代までの開発の歴史を総括すると，日本の国土の開発は，縄文時代後期から弥生時代における稲作に適した湿地等から始まり，中世には，比較的水を制御しやすい場所，すなわち山麓の小さな谷間をせき止めた溜池や小河川に掛けた井堰から水を引きやすく，しかも洪水などの被害の少ない山麓の平坦地や中小河川中流域の扇状地・河岸段丘などに開発が及び，戦国時代から江戸時代には，治水・利水技術を必要とする土地（台地，扇状地の中央部，三角州，干潟等）に開発が及んでいったとみることができる．しかしながら，平野の開発は，日本全国で一様に進んだわけではない．自然地理学的な特性，中央行政からの政治的距離や各地域の社会構造等によって，開発の進展には地域の独自性が見られる．また，河川の流路についても，同様

である。近世以降，強固な連続堤の築堤，河川の付け替えや放水路の開削といった，大規模な事業が各地で行われ，平野部の水系ネットワーク，河川と氾濫原の関係が大きく改変された。

2.1.2 近代から現代

近代以降の開発が近世までの開発と大きく異なる点は，主に欧米の技術導入が図られ，建設機械の導入やコンクリートの普及等，土木技術が劇的に進歩したことと，国力増強や戦後復興に向けた一連の政策により，開発が大規模かつ広域にわたって行われたことである。本節では，明治時代以降の平野部（三角州を除く）の開発を，主に河川整備事業と土地改良事業のうち，直接的なインパクトが大きいと考えられる事業に焦点をあててみていく。

なお，上流域におけるダム建設は，下流平野部の河川にも影響を与えるものであるが，本節では，扇状地と自然堤防帯における直接的な改変に絞って，主だった事業メニューについて述べる。また，明治時代から現代までの間に，河川事業，土地改良事業とも制度面ではかなりの変遷が見られ，事業主体も変化している。本節では，これを詳細に解説することは目的とせず，主に平野部の河川と氾濫原に加えられた人為的な操作の内容と，河川生態系への直接的な影響に着目して解説していく。

(1) 河川整備事業（主に河道改修）
1) 河道付け替えによる流路の統廃合，放水路の建設［自然堤防帯，三角州］

流域面積が大きい沖積平野では，流域から複数の河川が流入し，自然状態では，各河川の流路が分派・合流しながら流れている。また，自然堤防帯における流路は蛇行しているのが普通であり，このために河床勾配は地形勾配よりもやや緩くなっている。自然堤防帯から三角州帯にかけての洪水の水位を低下させるためには，流路の分合流をなくして流路を統合する，または蛇行した流路を直線化することによって河床勾配を大きくするといった，水理学的に洪水を効率良く流すことができる河道に近づける方策がとられた。明治時代以降，自然堤防帯から下流では，旧流路を統廃合した新河道の開削，放水路（flood way）の開削，旧川の締切・廃川等が各地の平野でなされた。

木曽川下流改修工事，淀川放水路工事，荒川放水路工事における改修前後の流路を図2.2〜2.4に示す。また，放水路の中には，信濃川の大河津分水路（新潟県）のように，平野部の上流から直接海に至る分水路を，山地を開削して設けた例もある（図2.5）。豊川の豊川放水路（愛知県）は，旧河道と河口を共有した2 way河道の形態をとっている。このように，放水路の形態もさまざまである。

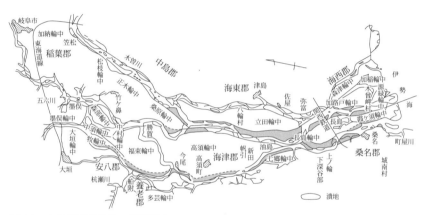

図2.2 木曽川下流改修工事計画図

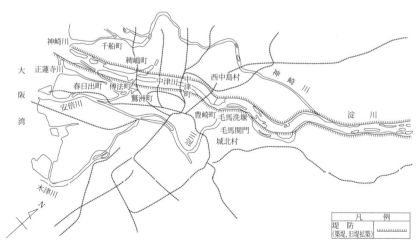

図2.3 淀川放水路工事（1887（明治20）年着工）

●第2章●劣化する河道内氾濫原

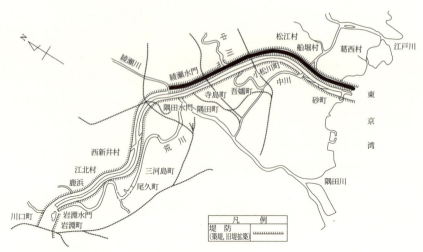

図2.4　荒川放水路工事（1911（明治44）年着工）

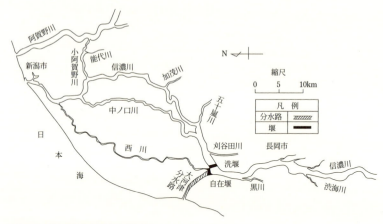

図2.5　大河津分水路と信濃川

　河道の付け替えと流路の統廃合により，洪水は速やかに河口まで流れるようになり，洪水位は低下し，洪水の継続時間も短縮された。しかしながら，平野部を流れる流路の数，流路の延長，水域面積は減少した。また，原生的な蛇行河道が人工的な直線河道に付け替えられることにより，流路内の河川地形も異なるものとなった。

2) 連続堤の築堤［扇状地，自然堤防帯，三角州］

　近代以降盛んに行われた，河道の付け替えや流路の統廃合に伴い，直線的に設定された流路の両側には連続堤が築堤された。堤防の平面的な位置は，河道改修以前の堤防（多くの場合，自然堤防の上に人為的な盛土が為されたもの）を包絡して設定された区間もあれば，蛇行した旧河道や，支川・派川と交差して新たに開削された区間もあるため，多くの旧河道，支派川を埋め立てて連続堤が築かれた。元からある堤防が利用できる場合には，既存の堤防を新しい堤防の一部として利用して築堤がなされた。このため，堤防の基礎地盤や堤体内部の土砂の性状は，区間によって異なるのが普通である。堤防の断面形状は，近代以降，河川の規模（計画高水流量）ごとに，堤防の天端の幅と法面の勾配によって幾何学的な断面形状が設定されている。堤防の高さは，計画高水位（high water level, H.W.L.）に，計画高水流量に応じた余裕高（remaining height）を足して自動的に決定されているため，左右岸の堤防の高さや断面形状は，基本的に同じものが計画される。このように，堤防の断面形はかなり規格化されているため，各河川区間に設定された堤防の断面形状を「堤防定規」と呼ぶ。

　連続堤防では，不連続堤防と比較して，堤内地に氾濫が及ぶ頻度が激的に減少する反面，流入支川の合流処理，内水の排水処理が問題となる。ここでいう内水とは，堤防に守られた側の土地（堤内地）の水を指す。流域が大きい支川の合流処理は，支川の堤防の高さを本川と揃えた連続堤が築かれることが普通である。支川の堤防を本川と同程度まで高くすることが困難な場合には，支川の合流地点に水門（flood gate）を設け，本川の水位が上昇して支川に逆流するおそれがあるときには，水門を締め切ることができるようにしている。流域が小さい支川や内水の排水は，本川の堤防に管路を貫通して埋設した樋門（sluice way）・樋管（sluice pipe）によってなされるのが普通である。樋門・樋管は，土質材料を主体とした堤防に異物を埋め込むという点で堤防に弱点を作るものであるので，複数の小支川，排水河川の水を下流側にまとめて1か所の樋門で本川に合流（排水）させることが多い。また，本川の水位が上昇した際に堤内地への逆流を避けるため，樋門・樋管には，閉鎖するための門扉が備えられているのが普通である。

このように，連続堤の築堤により，堤内地の治水安全度は劇的に向上したが，本川流路と支川・派川および旧河道とは，連続堤により物理的に遮断されることとなった。また，小規模な流入支川等と本川との接続地点は減少し，水系網は単純化された。さらに多くの場合，樋管・樋門が設けられることによって，生物の移動性は低下した。樋門・樋管の多くは，本川側の合流部の構造や落差が生物の移動に適さないことが多いこと，堤体内部を貫通する部分がコンクリート製の平滑な函体であること等から，魚類等の移動阻害を生じている施設が多い。

3）高水敷の造成，低水路掘削（河道の複断面化）
　　［扇状地，自然堤防帯，三角州］

　日本の大河川の改修計画では，低水路，高水敷，堤防敷からなる複断面河道を主に採用してきた（1章図1.5，コラム2も参照）。常に水が流れる低水路に対し，高水敷は，堤防を流水による河岸侵食の作用から守るため，堤防と低水路の間に設けられる平坦な造成地である。都市近郊では，貴重なオープンスペースとしての利用を目的として，広い高水敷が造成された河川も見られる。

　扇状地を流れる大河川では，主に砂州を主体とした河川地形により，河岸に複数の水衝部が形成され，洪水時には流水の大きなエネルギーによって，河岸が横断方向に数十m削り取られることもめずらしくない。自然堤防帯，三角州での河岸侵食の事例は，湾曲部外岸の河岸高の数倍程度（20～30m以下）の幅のものが多い。高水敷は，これらの河岸侵食（すなわち流路の横移動）が堤体にまで及ばないようにするための緩衝帯としての機能を持つ。高水敷の造成と低水路の掘削はセットで行われることも多く，低水路を掘削・浚渫した土砂を高水敷の盛土材料とすることにより，河道の複断面化が急速に進められた。また，高水敷の河岸を低水路の流水から防御するため，低水護岸が設置され，低水路が固定された。自然堤防帯における典型的な河道改修の流れを，図2.6に示す。自然堤防帯においては，河床に堆積している砂は，良質なコンクリート骨材や建材として利用できたため，砂利採取業者によっても盛んに採取された。昭和40年代以降，過度の砂利採取による河川施設等への被害が顕在化してきたため，砂利採取は規制されるようになった。

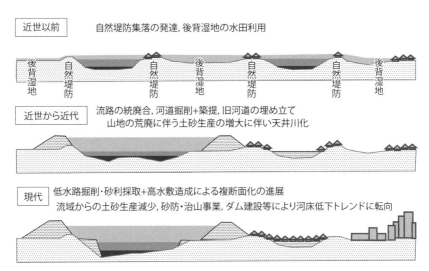

図 2.6 河道の複断面化

　河口部では，洪水の疎通をより良くするため，河床高を下げるための低水路浚渫，河口部への土砂の堆積を防ぐための導流堤（training levee, jetty）の建設が行われた。浚渫した土砂は，周囲の堤防や高水敷の材料に用いたり，そのまま堤内地までポンプ圧送されて，干拓地の造成に用いられたりすることも多かった。

　高水敷の造成を伴う河道の複断面化により，緩勾配の水際域が埋め立てられて平坦な高水敷となり，水域と陸域のエコトーンが消失した。また，低水路の掘削により，河川地形が単調になった。特に，三角州では，高水敷の造成が干潟とヨシ帯の面積を大幅に減らす結果となるとともに，低水路内の干潟域も浚渫により減少した。また，低水路の浚渫により，塩水遡上が上流にまで及びやすくなるため，淡水環境が汽水環境に変化した区間が延長する河川もあれば，塩害防止の観点から潮止堰が設けられた河川もあった。

4）内水対策事業［扇状地，自然堤防帯，三角州］

　強固な連続堤の整備によって，堤内地に氾濫が及ぶ頻度が激的に減少し安全になった反面，堤内地の水（内水）の排水が課題となる。「2）連続堤の築堤」で触れたとおり，連続堤によって洪水を氾濫させず高い水位で流下さ

せられるようになった分，堤内地の排水が困難となって内水氾濫が発生しやすくなり，これに対する対策が必要となる。農林水産省の補助事業では，事業名が内水対策ではなく，湛水防除とされる。

内水に対するハード対策は，大きく自然排水と水門締切に分けられる。自然排水のメニューとしては，内水河川の改修，本川との合流点を下流に移動させるための放水路の建設等が挙げられる。水門締切のメニューとしては，内水河川を改修したうえで，内水河川と本川の合流点に，本川の逆流を防ぐ水門・樋門を設置することが基本となる。水門・樋門を閉鎖後に流域から流入する水による内水被害が防ぎきれない場合は，さらにポンプを備えた排水機場が設置されることが多い。排水機場は，本川水位が内水河川の水位を上回り，水門・樋門が閉鎖された状況において，強制的にポンプ排水することを目的とする（図2.7）。土地利用の状況によって，内水を一次的に貯留する遊水地の設置，農地に内水を溢れさせる越流堤の設置もメニューとして挙げられる。実際には，これらのいくつかのメニューの組み合わせで対応しているケースが多く，排水能力を高めるために直線的に改修された内水河川と本川の合流点に樋門と排水機場が設置されている状況がよく見られる。

内水対策事業によって，平野部の堤内地の河川は，排水を良くするために深く直線的に改修された（図2.8）。特に，自然堤防帯，三角州の後背湿地

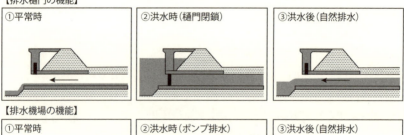
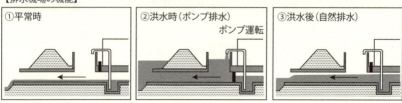

図2.7　排水樋門・排水機場

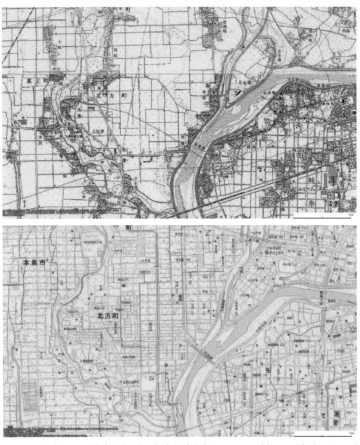

図 2.8　内水河川の排水路化（国土地理院発行の 2 万 5 千分の 1 地形図および時系列地形図閲覧ソフト「今昔マップ 3」（©谷謙二）により作成）

では，堤内地の水を本川に効率良く排水するため，排水樋門に至る直線的な河川（排水路）が整備され，原生的な後背湿地に見られるクリークや池沼の多くが消失した。また，深く掘削された排水河川と農業排水路の間の落差も大きくなり，河川と農地との連続性が低下した。

(2) 土地改良事業

1) かんがい事業，農地排水事業

　近世以前の開発史において，江戸時代の新田開発に伴い，多くの用水が開かれたことは既に述べた。しかしながら，明治時代から昭和初期にかけて渇水や干ばつが発生するなど，農業用水に対する要求は依然として強いものがあった。また，未開発の土地の多くは，台地や丘陵地など，水利の面で悪条件の土地であった。これらに対応するため，明治時代以降，引き続き国営事業として数多くの用水が農業水利事業により開かれた。また，近世以前に開かれた用水についても，水路の改築や施設の改良等が行われた。

　新規利水を目的としたダムが上流域に多数建設され，新たに建設されるため池は大型化した。また，江戸時代には石や木を用いて築かれた井堰は，より強固な頭首工や取水堰に置き換わり，せき止めた水は，堤防を貫通する取水樋門を通して，堤内地の用水路に取り込まれた。これらの取水設備は，農地よりも高い地点にある必要があるため山間部や扇頂部に設けられていることが多い。用水路は，漏水の防止や維持管理労力の軽減の観点からコンクリートを用いた開水路や鉄管を用いたパイプライン等に置き換わっていき，水源地から遠く離れた受益地までの導水を可能とした。これらの用水路施設により，用水の水量は増加・安定し，近世までは耕作が困難であった地域での耕作が可能となった。

　また，農地で使用した農業用水や雨水を排水するために，自然堤防帯と三角州では，幹線排水路，支川排水路が整備された。これらの排水路は，排水を必要とする小流域のうち低い土地を経由するように配置されており，深く直線的な水路であることが多い。中小河川に流入する箇所では，改修され深く掘り下げられた中小河川の水面との間に落差を生じていることが多い。また，大河川に流入する排水路は，水門・樋門等を通して河川に接続し，河川事業における内水対策と同様に，湛水防除を目的として排水機場が整備されていることが多い。

　これらの用水路・排水路は，平野に網の目のように配置（図2.9）されており，河川延長よりも長大な延長を有している。しかしながら，生物生息場としての機能は，高いとは言えない。また，河川と排水路の連続性，排水路・

図 2.9　平野における農業用排水路網（濃尾平野の例）

農地・用水路間の連続性は近世までの状況と比較して，かなり低下している。

2）農地区画整理

　農地区画整理は，ほ場整備とも呼ばれる。既存の農地を区画整理するとともに，用水・排水路，道路等を整備して，農作業を効率化しようとする事業である。水田での耕作は，長らく人力で行われ，その後，明治時代には牛馬を用いた耕作が普及し，作業の効率化のため，水田1区画をより拡大する方向での耕地整理が行われた。戦後には農業機械が普及したため，昭和40年代以降は，1区画30 a での整備が標準化した。近年では，1区画1 ha での農地区画整備が行われつつあり，生産効率の向上を企図してさらなる大区画化が進んでいる。1965（昭和40）年ごろに行われた農地区画整理の前後を，地形図をもとに比較した例を**図 2.10**に示す。

図2.10 ほ場整備（農地区画整理）（国土地理院発行の2万5千分の1地形図および時系列地形図閲覧ソフト「今昔マップ3」（©谷謙二）により作成）

　用排水兼用であった水路は，高さの異なる用水路と排水路に分離（用排分離）されるとともに，土羽の水路は維持管理が容易な人工的な水路に置換された。排水路は，水田の排水を良くするため，地表から低い位置に設置される。また，田面の地下に地中管を埋設し，必要なときに地下水位をより下げることのできる暗渠排水も行われることがある（図2.11）。水田を必要なときに乾田にすることは，農業用機械の使用を容易にするとともに，収量の増加につながる。また，水稲以外の作物（例えば麦や大豆）への転作に対応す

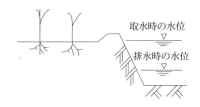

(a) 用排水兼用

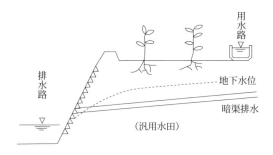

(b) 用排水分離

図 2.11　用排水分離方式・暗渠排水

るうえでも，暗渠排水は地下水位を調整でき，都合が良い。

　農地区画整理は，農業機械の導入，農薬・化学肥料の導入等と合わせて，農地の生産性を飛躍的に高めたといえる。しかしながら，用排分離による水域の連続性の喪失，水田の施業体系の変化による水田依存種へのインパクト等により，水田生態系はかなり劣化した状況にある。

3）農地造成

　日本の耕地面積は，1960（昭和 35）年の 609 万 ha をピークに減少し，2013（平成 25）年には，454 万 ha まで減少している。しかしながら，1960（昭和 35）年以降も，新たな農地の造成は継続されており，耕地は 110 万 ha 拡張されている。一方，256 万 ha の農地が，工場や宅地等に転用されており，差引約 150 万 ha の減少となっている。1960（昭和 35）年時点で農地であった土地のうち，約 40％が工場や宅地等に置き換わったと見ることもできる。

　農地の減少は，農地および農地に付随する水路延長の減少を意味している。

また，下水道が普及していない地域では，農業排水路への生活雑排水の流入が，排水路および排水路流入先の汚濁負荷となっている。なお，農業集落におけるし尿・生活雑排水等の汚水処理施設を整備する事業も行われている。

4）干　拓

戦前戦後の食糧増産を目標とした農地造成の一つとして，大規模な国営干拓事業が行われた。干拓は，海面干拓と湖沼干拓があるが，ここでは，代表的な湖沼干拓の事例を2例示す。巨椋池（京都府）は，桂川，瀬田川，木津

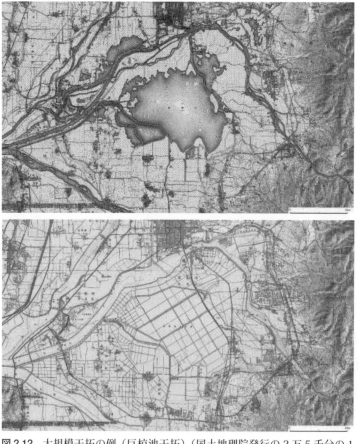

図2.12　大規模干拓の例（巨椋池干拓）（国土地理院発行の2万5千分の1地形図および時系列地形図閲覧ソフト「今昔マップ3」（©谷謙二）により作成）

川が合流する水害常襲地帯にあり，1906（明治39）年に河川と切り離された後，1933（昭和8）年に干拓事業が開始された。ポンプ排水によって池の面積約800 haが陸地となり，うち634 haが農地となった（**図2.12**）。八郎潟（秋田県）は約2万haの面積を持ち，琵琶湖に次ぐ国内第2位の湖であった。戦後の食糧増産計画の中で，1957（昭和32）年に干拓事業が開始された。国営干拓事業は1977（昭和52）年に完了し，干拓堤防の延長は51.5 km，干拓地の面積は約1万7 000 ha，うち約1万3 000 haが農地となった（**写真2.1**）。

各地で行われた湖沼干拓により，氾濫原の池沼の多くが陸地化され，内水面の水域面積は大幅に減少した。

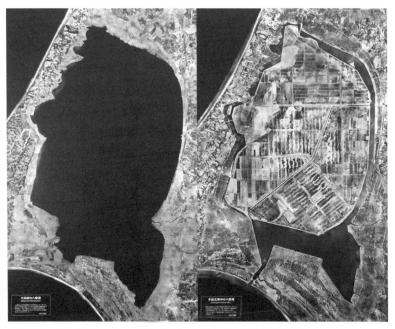

写真2.1 大規模干拓の例（八郎潟干拓）（大潟村干拓博物館所蔵展示物の空中写真より）

2.2 流量レジームと土砂レジームの変化

2.2.1 流量レジーム・土砂レジーム

　流量レジーム（flow regime）とは，河川のある場所における年間の流量変動の状態を指す。河川工学分野では，流況という用語が一般的である。流量レジームは，流域の気候（降水），地形・地質，植生等の地被等に支配されるだけでなく，水循環の各プロセスにおいて，さまざまな人為的影響を受けている。

　流量レジームを対象とした研究は，主に水資源管理の視点から水文学の分野で取り扱われてきたが，1980年代以降の河川生態学において，出水などの流量変動が河川生物に及ぼす影響についての研究が盛んに行われ[18]，流量変動が河川生物の個体数や群集構造を決定する支配的な要因であることが示されている。

　三宅[19]は，流量変動に伴う攪乱（disturbance）のうち，日本の河川生態系における洪水攪乱の重要性を指摘したうえで，洪水攪乱の5つの構成要素を示している。すなわち，規模（magnitude），頻度（frequency），持続時間（duration），タイミングまたは予測可能性（timing or predictability）および変化率（rate of change）である。これらの指標は，セグメントスケール以上の大きな空間スケールにおける洪水攪乱の程度の評価に適している[19]。わが国においても，各地域・流域における流量レジームの特性や，生物群集との関係性に着目した研究が進められつつある。

　土砂レジーム（sediment regime）は，狭義には，河川のある場所や区間に流入する供給土砂量の変動の状態を指して用いられることが多いが，広義には，主な土砂生産域である山地における土砂生産，河川への供給土砂，流水により輸送される土砂，これら水系スケールにおける土砂の量と質の変動の状態全体を指して用いられる場合もある。土砂は主に流水によって運搬されるものであることから，土砂レジームは必然的に流量レジームと密接な関係を持つ。さらに，河川地形は，流量と河床勾配に比例する土砂の流送能力（stream power）と，供給土砂量とのバランスによって決定される[20]。流送能力に対して供給土砂量が多ければ，河道内に堆積域を生じ，平均的に河床

は上昇する。その反対に，供給土砂量が少なければ，河床の低下を生じる。河岸が護岸等によって固定されていなければ，河岸が侵食されることによって，側方からも河道に土砂が供給される。このように，河川地形は，流量レジームと土砂レジームの相互作用によって形成されている。

土砂レジームを対象とした調査研究は，そのシステムが非常に複雑かつ大きな時空間スケールにまたがる現象であること，流量の計測と比較して流砂量の計測がより困難であることなどから，流量レジームに関する研究と比べると進展が遅れており，今後の発展が期待される。国土交通省は，流域の源頭部から海岸までの一貫した土砂の運動領域を「流砂系」という概念で捉え，「流砂系の総合的な土砂管理（総合土砂管理）」に向けた取り組みを進めており，その一環として，複数水系において土砂動態のモニタリングを行い，土砂動態マップを作成している[21]。

土砂レジームは，後述するさまざまな要因により変動すると考えられる。しかしながら，わが国における土砂レジームの変動に関する定量的な情報は少ない。先駆的な研究として，土砂供給の変化を過去100年程度遡って検討した斐伊川流域における研究[22]，ダム建設前後の流砂系の変化を土砂動態マップに示した相模川における研究[23]などがある。

土砂レジームの変化が河川の物理環境と生物群集に与える影響については，大ダムの直下流区間など，物理環境の変化が明瞭でその変化が比較的短期間に顕在化する領域では多くの研究成果が得られており，現象の体系的理解と知見の集積が進みつつある[24]。

流量レジーム，土砂レジームに類似の用語として，地形学，河川工学分野において，川幅と流量の比例関係を示すレジーム則（regime theory）がある。また，土砂水理学分野における小規模河床形態の発生領域区分にも，upper regime，lower regime という用語が用いられており，混同に注意する必要がある。

2.2.2 レジームの変動要因と人間活動

流域・水系における流量レジーム・土砂レジームを変動させる要因は，さまざまであり，その時空間スケールにかなりの幅がある。

日本列島の表層地質の大部分は，約3億年前からの海洋プレートの沈み込みにより大陸プレート端部に形成された付加体と，その後の火山活動による火成岩から成る。ユーラシア大陸と日本列島弧が分離しはじめたのは約2 000万年前[25]とされる。土地の隆起と火山活動によって山岳域が形成[26]される一方，山地斜面が侵食・崩壊して土砂が生成[27]され，主に降水によって運搬されることによって，流域・水系スケールでの地形が形成されてきた。流域・水系スケールでの地形が，集水域面積や流域からの流出特性を決定しており，流量・土砂レジームを支配していると同時に，これらのレジームによる地形形成作用の結果でもある。

　流量・土砂レジームの自然変動要因の中でも，概ね10万年周期の氷期・間氷期サイクルは，特に支配的な影響を持つと考えられる。氷期には，氷床の発達による海水準の低下，降水量の減少と降水形態の変化，寒冷化による森林限界の低下などにより，間氷期にあたる現在と比較して，流量・土砂レジームはかなり異なっていた。山地での植生の衰退の結果，土砂生産が盛んとなり，河川の中上流域では谷を埋めた土砂の上に網状流が発達する一方，下流部では海水面低下によって河床勾配が大きくなったために洗掘が生じ，河谷地形が発達した[28]。最終氷期最盛期（Last Glacial Maximum，LGM）は約2万2 000年前から1万9 000年前の期間とみられ，現在よりも海水準が120〜140 m低下していた[29]。LGMにおける河口は，現在よりはるか沖合にあり，当時の河谷地形は現在の沖積平野の地下に，沖積層基底礫層として確認される。現在の沖積平野は，最終氷期以降の約1万年間（地質時代区分における完新世あるいは沖積世に相当）に，海水準の上昇に伴って堆積した土砂により形成されたものである[8]。山本[30]は，海水準変動を伴うなかでの沖積堆積物の層序と沖積平野におけるセグメントの形成史を簡易な数値計算により再現している。気候サイクルには，氷期・間氷期サイクル以外にも，周期性の有無や周期の長さの異なるさまざまなサイクルが研究されており，これらが流量・土砂レジームにも影響を及ぼしている可能性がある。

　また，流量レジーム・土砂レジームには，気象・地質等の要因によって地域性がある。平均年降水量および年間の降水パターンは，地域により異なる。日本国内での平均年降水量は，800 mm/年以下から3 000 mm/年以上まで，

かなりの幅がある。流域における潜在的な土砂生産量にもかなりの地域差が認められる。芦田・奥村[31]は，ダム貯水池の堆砂量を集水域面積とダム建設後の年数で割り戻すことにより，日本各地の水系における平均年比流砂量を割り出している。平均年比流砂量は，流域面積が大きいほど減少する傾向が認められる一方，同程度の流域面積であっても地域により10の3乗オーダーの違いがある（図2.13）。図中の①群は，日本で最大の流出土砂量を示す中部山岳地帯から流れる黒部川，天竜川，大井川，②③群は只見川，庄川，吉野川，木曽川，耳川，十津川，④⑤群は日本で最も土砂流出量が少ない中国地方の河川の上限と下限をそれぞれ示しており，その他の地域の河川では③から④の間に入るものが多いとされている。

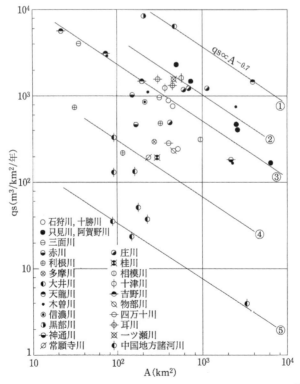

図2.13　平均年比流砂量と流域面積との関係（芦田・奥村 1974）[31]

●第2章●劣化する河道内氾濫原

　流量レジーム・土砂レジームは，このような自然変動および地域性に，人間活動による影響が重畳した結果と捉えることができる．表2.1，2.2に，流量レジーム，土砂レジームに影響を及ぼしうる人間活動について概要を示す．Poff et al.[32]は自然状態の流量レジームに対する改変要因を整理しており，表2.1はこれを基にしている．表2.2には，Poff et al.に提示されていないが，わが国において流量レジーム，土砂レジームに影響を及ぼしているとみなさ

表2.1　流量レジームおよび土砂レジームに影響を及ぼしうる人間活動

場所	要因	流量レジームへの影響	河川地形の応答	土砂レジームへの影響	河川地形の応答
山地	ダム建設	洪水ピーク流量と頻度の減少	礫間への細粒分の堆積 河道の安定化と縮小 湾曲部内岸の固定砂州の縮小，二次流路や河跡湖の減少，河道平面形の変化，樹林化*	ダム下流への流送土砂の減少（↓）	下流区間の河床低下および支川のヘッドカッティング 粗粒化・アーマリング 樹林化*
	ダム排砂施設の設置* ダム下流への置き砂*			ダム下流への流送土砂の増加（↑）*	
平野	放水路建設	洪水ピーク流量と頻度の減少	（ダム建設と同様）		
	流域の都市化，舗装，排水路の整備	洪水ピーク流量と頻度の増加 地盤浸透量の減少に伴う基底流量の減少	河岸侵食，川幅拡大 河床低下，氾濫原との分断		
	連続堤整備と河道改修	氾濫抑制等による洪水ピーク流量の増加*		氾濫機会の減少による氾濫原への土砂供給の減少（−） 出水時における土砂流送能力の増加（−）*	河床低下による流路の固定，氾濫原への堆積と侵食の抑制，河道の移動の抑制，二次流路形成の抑制，海洋への細粒分の堆積量の増加*
	地下水の汲み上げ	地下水面の低下	植生の不安定化に伴う河岸侵食，河床低下		

出典：Poff et al. 1997に基づく．
*は筆者追記

2.2 流量レジームと土砂レジームの変化

表 2.2 流量レジームおよび土砂レジームに影響を及ぼしうる人間活動（表2.1以外）

場所	要因	流量レジームへの影響	河川地形の応答	土砂レジームへの影響	河川地形の応答
山地	山腹緑化，植林，荒廃地の減少	洪水ピーク流量の減少 基底流量の安定化 樹幹遮断，蒸発散による総流出量の減少		表面侵食・崩壊の減少，風化作用の抑制等による土砂生産量減少（↓）	
	樹木伐採，林道の建設	洪水ピーク流量の増加 総流出量の増加		土砂流出量の増加（↑）	
	砂防ダム等の建設			下流への流送土砂の減少（↓）	
	砂防ダムのスリット化 透過型への改修			下流への流送土砂の増加（↑）	
	治山堰堤の建設			土砂生産の抑制（↓） 下流への流送土砂の減少（↓）	
	砂防ダム・治山堰堤撤去			下流への流送土砂の増加（↑）	
	土石流・崩壊による堆積土砂の撤去			河道内の流送土砂の減少（↓）	
山地 平野	中小河川の河道改修	氾濫抑制等による洪水ピーク流量の増加	河床低下	出水時における土砂流送能力の増加（ー）	河床低下
	低水護岸の整備			河岸侵食の抑制による河道への土砂供給の減少（↓）	
主に平野	農地整備	洪水ピーク流量の減少（雨水貯留機能）		細粒分の流出増（↑）	河床の細粒化・目詰まり
	農業用排水路の整備	洪水ピーク流量の増加			
	砂利採取・河道掘削			河道内の流送土砂の減少（↓）	河床低下

注）表中に示した影響については，定性的な情報に基づくものも含まれている。

れる行為を示した。これらの表に示したとおり，流量レジーム，土砂レジームに相反する影響を与えうる要因が複数あり，これらが複合的な影響を与えている。なお，山本[33]は，総合土砂管理計画における考慮すべき人為的インパクトを以下のとおり整理している。

・山地部：砂防事業（砂防ダム等の建設），治山事業（植林，樹木伐採，

林道の建設），丘陵地の開発，治山・利水ダムの建設
- 河道（沖積地）部：低水路の掘削・拡幅，河川横断工作物の改良・設置，護岸・水制の設置，流域の都市化と下水道の整備，土地改良，頭首工の改良・設置
- 海岸部：海砂利の採取，港湾・漁港の整備，海岸保全施設（海岸堤防，突堤，離岸堤），河口導流堤の設置，埋立て地造成，防風林の整備

また，山本は，上記以外の土砂制御手段として，以下のものを挙げている。
- 山地部：砂防・治山ダム堆積土砂の掘削移動，スリットダム等の土砂通過型砂防施設の設置
- ダム部：ダム排砂施設の設置，土砂環境改善のための洪水流量制御法の改善，堆積土砂のダム下流への置き砂
- 河道部：堆積土砂の掘削，侵食部への土砂投入，低水路幅の人為的縮小（通過土砂量の増加，河床低下を図るため），堰の構造改善，河口近くの河道計画の修正
- 海岸部：サンドリサイクル，養浜，覆砂，潜堤　等

　これらは土砂レジームに影響を及ぼす人間活動としても捉えることができよう。個々の要因が土砂レジームに及ぼす影響については，根拠が十分に示されているとはいえず，その影響の程度についても十分に理解されているとは言えないが，近代以降の砂防事業，治山事業は，荒廃した山地から河川に流入する土砂を減らすことを重要な目的の一つとして進められてきており，ダム建設による土砂のかん止以外にも，河川への土砂流入を減少させるさまざまな行為が流域で行われてきた。太田[34]は，人間活動により，この数百年間に土砂流入量が過多の状態から少ない状態（土砂欠乏）へと，大きく変化していることを指摘している。また，知花・原田[35]は，河川地形や流砂系に加えられてきた人為的改変の速度は，自然河川の地形形成の速度をはるかに上回るものである一方，その影響が顕在化するまでには，自然河川の地形形成に要するのと同程度の時間を要する可能性を指摘している。

2.3 河道内氾濫原における景観の変遷

 国内の河道内氾濫原ではどのような変化が起こっているのだろうか。ここでは，扇状地と自然堤防帯の河道区間で生じている変化を順に述べる。

 視覚的にわかりやすい変化の代表として，"樹林化"といわれる景観レベルでの変化が挙げられる。ここで，樹林化とは，空中写真の存在する過去約70年間において，かつて裸地や草地だった河道内氾濫原の一部または全体が，樹木に覆われた状況へと変遷する現象として定義する（図 2.14）。樹林化は，多くの場合，洪水時の流れを阻害するため，治水上の大きな問題として捉えられている。このため，これまで植生の適正管理の観点から，比較的多くの研究が実施されている。

 樹林化に関する研究は，ほとんどの場合，セグメント1に該当する扇状地の河道区間を対象にしている。例えば，北陸地方の手取川および中部地方の安倍川の扇状地区間において，樹林化の変遷が報告されている[36]。手取川のダム下流区間では樹林化が著しく，特に 1980 年代以降に顕在化していた。多摩川の扇状地区間では，過去に限定的だった植生被覆が時間とともに拡大

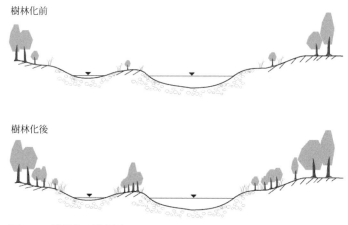

図 2.14 樹林化の概念図
樹林化前（上図）には河道横断平面距離の約 15%が樹林地であるのに対し，樹林化後（下図）では約 40%に増加

し[37]，特にハリエンジュ（ニセアカシア：*Robinia pseudoacacia*）の優占する林分が卓越した[38],[39]。ほかにも，北海道の札内川のダム下流の扇状地区間において[40]，また，関東地方の荒川支流[41]や東北地方の北上川支流[42]でも，樹林面積の増加が報告されている。樹林化は，近年の河川環境における共通の変化として，数多く報告されている（4.2 札内川，木曽川の個別事例も参照）。

　扇状地の河道区間における樹林化は，海外でも報告されている。海外では，頻繁な撹乱によって維持される裸地状の砂礫堆と網状流路からなるエリア（すなわち active channel，1 章も参照）の縮小を，樹林化と一体的に捉えた研究が行われている。例えば，過去60年以上の空中写真などを基に，スペインの河川景観を解析した研究では，ダム下流の河道における樹林面積の拡大と繁茂密度の上昇が報告されている[43]。中央イタリアの河川でも，扇状地河川での active channel の極端な縮小が報告されている[44]。アメリカ大陸でも同様の例は多数あり，例えば，リオグランデにおける樹林地の増加[45]，五大湖周辺の35河川のダム下流部における在来・外来植物の被覆面積の大幅な増加などが知られている[46]。

　樹林化を報告する代表的な国内事例を紹介したが，それらは個別河川を対象としており，全国的な変遷傾向を示すものではない。佐貫ら[47]は，樹林化に伴う河川管理上の樹木管理の必要性を背景に，全国直轄河川を対象にして，過去からの樹林面積の変遷を整理し，1999～2003年の期間に対して，2004～2008年の期間において，全国的に樹林面積が微増している傾向を示した。ただし，この研究では，セグメントの違いは考慮されていない。また，前述の個別研究，そして，全国6河川を対象にその後行われた長期傾向の解析で指摘されている樹林地拡大が顕在化した時期（1980年代から1990年代）のデータは含まれていない[48]。そして，より下流の河道（例えば自然堤防帯，セグメント2）を対象とした樹林化の研究は，個別河川においても実施されておらず，扇状地と同様に樹林化が進行しているのかは不明である。セグメント間の違いも含めた，全国的かつ長期的な樹林化の変遷は，未だ定量的に把握されていない。

　そこで，セグメント区分を含めて全国的な傾向を解析した結果を，ここで

簡単に紹介する。全国の直轄河道区間を対象に，河道内に占める樹林面積を定量化した情報から広域の樹林化の傾向を見てみる。本データは，主に航空写真から判別された景観要素（例えば，樹林地，水面，砂礫堆）の相対的な占有面積を1キロごとに整理したものである（国土交通省提供）。ここでは，過去（1960年代）と比較的近年（1990年代）の2時期において，信頼できる精度で同所的にデータが整理されている約50水系に注目した。すなわち，河道拡幅や高水敷整備など，他の要因による樹林面積の変化が生じていない水系のみを対象とした。その結果，セグメント区分に関わらず，多くの河川で，過去に比べて有意に樹林面積が増加していた（**図2.15**）。ただし，中央値にのみ着目すると，セグメント1で約4倍の増加率であるのに対し，セグメント2では約2倍の増加率にとどまっている。したがって，セグメント2よりもセグメント1での変化のほうが，われわれにとっては程度の大きな樹

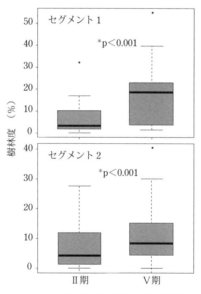

図 2.15　空中写真を基に，1960年代および1990年代の樹林度（河道内に占める樹林地の面積割合）をセグメントごとに整理した結果。セグメント1では30水系，セグメント2では44水系が解析対象となっている。各水系内で測線ごとに定量化された樹林度の平均値を用いた。2期間での樹林度の差異は，値をログ変換したのちに一般化線形混合モデル（正規分布）により解析して（水系をランダム要因として考慮），尤度比検定を用いて比較した。両セグメントともに有意な差が見られており，1990年代に樹林度が増加している。

樹林化として認識されるのかもしれない。

　樹林化のほかに，河道内氾濫原の面積そのものが増加あるいは減少するケースもある。特に，その要因となっているのは捷水路事業である。捷水路事業は，洪水氾濫の原因になりやすいとされる蛇行部をショートカットすることにより，洪水の疎通能力を向上させようとするものである。例えば，石狩川には計29の捷水路が存在するし，他の地域においても洪水対策と農地拡大などの目的で広く実施されてきた[49),50),51)]。世界的に見ても，自然堤防帯において，同様の事業が存在する[52)]。ショートカットによって，河道の短絡化とともに，河道沿いの領域，すなわち河道内氾濫原の面積もまた減少することになる。また，国内では，河道内氾濫原に該当する領域が公園等に利用されることで減少[53)]，あるいは，耕作地の放棄に伴い樹木を伴う地表面が増加するケースもある[54)]。

　これら断片的に現存するデータから，河道内氾濫原の量的な減少は，扇状地および自然堤防帯の河道区間に共通の出来事であることが推察される。また，その変化の多くについて，さまざまな人間活動との因果関係が示唆されている。ここでは，樹林地の質には触れなかったが，景観上は樹林地として認識されても，種組成などの"質"に着目すれば，人間活動に応じた時間的な変化は生じているかもしれない。氾濫原が河川生態系の栄養循環や生物分布に大きな影響を与えることを考えれば，樹林地拡大やその質的変化は水生生物の生息環境にもさまざまな変化を引き起こしているであろう。これらは氾濫原環境に注目した応用生態工学分野において，今後も，より多くの知見が必要とされている重要な研究テーマである。

2.4　河道内氾濫原の機能劣化とその機構

　本節では，本来の氾濫原環境に特徴的な諸生態系機能（1章を参照）を河道内氾濫原へ適用し，「氾濫原機能」と呼ぶことにする。

　前節において，樹林化などによる氾濫原環境の変遷が，全国各地で生じている可能性を指摘した。では，氾濫原機能はどのように変遷しているのであろうか。世界的な研究事例によれば，情報の比較的多い北米やヨーロッパな

どでは多くの氾濫原依存種が絶滅の危機にあること[55]，あるいは本来あるべき物質循環や生物生産の機能も付随して失われる可能性があること[56]などが集約的に報告されている。ただし，これらの知見は，本書でいうところの「河道内氾濫原」に対して行われているものではなく，自然状態がよく残された氾濫原を主な対象としている。

わが国では，現在まで，氾濫原機能の変遷の傾向を広域スケールで検証できるような定量データの蓄積が進んでいない。ただし，魚類（コラム4参照）や扇状地河道の砂礫堆に依存する種[57]に関しては，全国的な劣化傾向が報告されている。さらに，本書の4章における個別事例でも，動植物種の生息環境の劣化が広く確認されている。そして，代表的な河道内氾濫原の変化であり，特に1980年代以降に顕在化した樹林化が，これらの氾濫原機能低下の要因となっている可能性がある。

今後，河川環境の保全に配慮した河川管理を効果的に実施するうえで，樹林化が生じる機構（メカニズム）と，主要因となる自然・人為的事象を特定することは極めて重要である。それら要因事象を完全に除去するような根本的対処が困難であるとしても，機構に関わる環境維持に重要な作用（プロセス）が明らかになれば，たとえ人工的とはいえ，ある程度，諸所の対応が可能になろう（3章参照）。

以下では，第一に，河道内氾濫原における樹林化が生じる機構の一つを概念的に説明する。第二に，樹林の消長に影響を及ぼしうる事象を整理する。最後に，樹林化あるいはその他の経路を通して氾濫原機能が劣化する機構について述べる。

2.4.1 樹林化の機構—地形と流れの相互作用

氾濫原の環境は元来，水域と陸域の中間的な環境である（1章参照）。また，そこに生じる景観パッチ（砂礫堆，植生，水面など）は，時空間的に固定されたものではなく，動的に変化する。その一方で，複数のパッチを含む空間スケールで捉えるとそれぞれの合計パッチ量（各パッチの総面積）は平衡状態にある（図2.16）。この動的な平衡状態を駆動する主要因は，主に水と土砂の移動に伴う外力である。

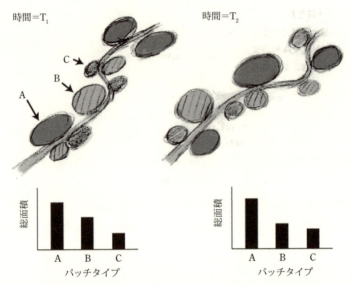

図 2.16 動的平衡状態にある氾濫原景観パッチの分布および量的変化の概念図。時間変化（T_1 から T_2）に対応して，洪水後の異なる遷移段階にあるパッチ（A-C）の総面積の相対的現存量はほぼ一定である。

　洪水時の水と土砂の移動に伴う地表面の冠水および破壊（侵食・堆積）の程度・頻度・期間などにより，ある箇所のその後の状態が決定される。例えば，破壊あるいは冠水の頻度が高く，植物が定着・成立・遷移するには不適である場所では，砂礫面の露出（砂礫河原）が維持されよう。一方で，そのような砂礫面が十分な時間にわたって冠水や破壊の影響から隔離された場合，植物の定着・遷移が進行する。遷移が進行し成立した樹林地も，長い期間を経ると，再び洪水の影響で初期化される。その一方で，ほかの箇所で植物が定着・遷移したパッチが形成される。このような繰り返しにより動的平衡が維持される[58]。ただし，このような繰り返しが行われる時間スケールは当該河道区間が扇状地にあるか，自然堤防帯にあるかに依存し，前者のほうが短い時間スケールで行われる（数年～数十年）。

　樹林化の機構の一部は，氾濫原環境の動的平衡維持に決定的な役割を果たしている冠水・破壊パターンに変化が生じる場合を考えることで，説明することができる。地表面の冠水や破壊は，河川水が到達する結果として生じる

現象である。それゆえ、洪水時水位の到達度合いの変化は、樹林化にとって特に重要な意味を持つ。ここでは、冠水や破壊といった樹林化に至る遷移過程を抑制する作用が低下する一例として、洪水時水位の変化について、流況および横断地形の変化に注目して概念的に述べる（図 2.17）。

　ある洪水の最大ピーク流量は、到達する水位標高を規定するので、河道内氾濫原が冠水する（あるいは破壊される）面積を強く支配している。したがって、ピーク流量の低下は、樹林化への遷移過程を抑制する作用が及ぶ領域を縮小させる（図 2.17 B）。一方で、流況が変わらず低水路の河床低下だけが生じた場合にも、低水路の深さが増大して溢水しにくくなるため、樹林化への遷移過程の抑制作用が及ぶ領域は縮小する（図 2.17 C）。極端な例として、最大ピーク流量の全量を飲み込めるほど低水路が深くなった場合、低水路から洪水流が溢水することがなくなるので、洪水の影響が及ぶ領域は当該断面

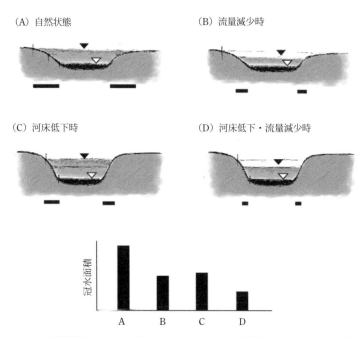

図 2.17　河道横断面からみた洪水時に冠水や破壊の影響を受ける領域の面積現存量を示した図。各図下の実線および棒グラフは、樹林化が顕在化する以前（A）、洪水ピーク減少時（B）、河床低下時（C）、その両方が起きた場合（D）における領域の現存量の相対関係を示す。

ではゼロとなる。したがって，流量の減少または低水路の低下，あるいは両者が同時に生じた場合には，樹林化が促進される可能性が高い。

2.4.2 樹林景観変化の要因事象

流量や地形面への改変を介して，樹林の繁茂状況に影響する可能性がある人為起源の事象は多岐にわたる（図2.18）。上下流が連続的である河川生態系では，変化が生じる当該地域とその近隣で起きる局所的（ローカル）な事象に加えて，距離が離れた下流または上流河道に波及するオフサイトへのつながりを考慮することが重要である。

ローカルでの重要な事象として地形改変が挙げられ，ダム等構造物の直下や直上における河床高の変化，砂利採取に伴う直接的な河床の低下はその代表例である。例えば，関東地方の相模川では，1960年代以前に行われていた砂利採取により，現状の河床は当時に比べて平均5m程度低下してい

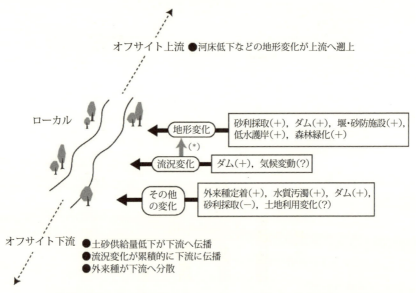

図2.18 局所（ローカル）およびオフサイトにおいて河道近傍の樹林度に影響を与える事象の概念図。(*)は間接的に流況変化が地形変化を介して樹林度に影響を及ぼす経路を示す。事象に付随したプラスおよびマイナス印は，樹林度に対して予測される影響が正（促進）あるいは負（抑制）であるかを示す（？は影響の正・負が予測困難な場合を示す）。

る[59]。国内外の多数の事例においても，砂利採取に伴う周辺の樹林地の拡大が報告されている[37),44),60]。200年にわたる河道変遷を追ったイタリアでの事例では，砂利採取の停止とともに，河道に占める樹林面積が低下した[61]。一方で，ダムや取水用の堰は，下流への土砂供給を低下させ（2.2.2の土砂レジーム参照），河床低下を通して樹林地拡大を促進し，その直上の湛水域に土砂が堆積した場合，流路の側方移動を促し砂礫地を拡大させた[37),45]。

河床は上流からの土砂供給により平衡状態を保つので，これらローカルでの地形変化は下流へと時間をかけて伝播する。伝播速度は，河道のタイプや流域地質，河川サイズ等に関連した運搬力に依存すると推察されるが，これらの関係はあまり検討されていない。伝播した先にあたるオフサイトの応答は，上流のローカルな事象の影響が蓄積したものであるから，上流域全体の事象の影響を総合的に考える必要がある。例えば，上流域での植林事業や人口密度低下に伴う森林被覆の増加が土砂供給量の変化の要因となり，その影響がオフサイトの河床低下を介して河畔の樹林化の一因となることが指摘されている[62),63]。

低水路の護岸によって，横断方向への侵食力が垂直方向に集中して河床が低下し，樹林化が進行する場合もある[64]。また，側方の侵食は下流への土砂供給にとって重要な役目を果たすとも考えられる。吉野川の支流では，上流オフサイトにおける河岸浸食の抑制（護岸）が下流河道の河床低下を引き起こし，樹林地拡大の一要因になったとされている[65]。下流での地形変化（例えば河床低下）は力学的な平衡状態を保つために上流へと伝播することもある[63]。

ローカルおよびオフサイトの両観点から，ダムによる流量制御（2.2.2の流量レジーム参照）に伴う樹林地の増加も世界各地で報告されている[40),43),45),66]。その機構は，ピーク流量の低減に伴う植生に対する力学的な破壊力の低下[36),41]，平水の安定化による植物の定着阻害となる撹乱力の低下[45),65]，冠水頻度の変化による立地環境の不定期化，あるいは特に側方侵食力の低下に伴う立地の安定化として説明される[64]。これらの検討は，扇状地やその上流域に該当する河川において実施されているが，自然堤防帯における緩勾配の蛇行河川においても河道の側方移動の低下は報告されている

[67)]。特に，洪水継続時間の短縮に伴い，蛇行部近辺において砂礫堆が出現しにくくなることが示されている[68)]。地形変化とは異なり，流量に関しては上流へ直接的にその影響が伝播することは考えにくい。

人為的な地形や流況変化以外にも，植物繁茂の変化に影響を及ぼす要因がある。黒部ダム下流では，ダム放流に伴う細粒成分が下流オフサイトの氾濫原に堆積することで，植物繁茂が促進された[69)]。また，外来種の侵入定着は河畔域の植物繁茂の状況に影響を与えるかもしない。例えば，北米では，外来性の低木（Tamarix：ギョリョウ）が在来種の侵入に不適な場所へと定着し，河畔の樹林面積を増加させている[70)]。わが国においても，ニセアカシアの侵入定着に伴い，在来植生の分布状況が変化したことが報告されている[71)]。

氾濫原での直接的な人間活動の変化も，樹林面積の変化要因になりうる。ニセアカシア林分の拡大は，薪炭利用の減少に伴う拡大抑制力（伐採）の低下に起因すること[71)]，また，砂利採取時に通常行われていた樹林地の伐採行為の減少が，樹林地の拡大に拍車をかけたこと[65)]が指摘されている。明瞭な人為影響がなくても河道内の樹林面積が変化することも報告されている。例えば，降雨量の増加といった気候変化に伴い，樹林地が拡大する場合もある[72)]。

以上に挙げた樹林化の要因は，多くの場合，同時期に発生している。今後，各要因の相対的な重要性や複雑な相互作用を個別河川で整理し，対策を施す必要がある。

2.4.3 景観変化に伴う氾濫原機能の劣化機構

氾濫原は環境特性の異なる景観パッチの集合体であり（図2.16），このような捉え方は陸域に限らず水域にも同様に適用できる。水域に関しては，流水の影響が大きい本流部，河川流水からの影響程度が異なるワンドやたまりといった半止水環境などをパッチの構成要素として認識することができる[73)]。そして，特定生物の生息地としての機能を考えた場合，局所の物理・化学環境が生息に適さなければ，その機能は低下する。これらパッチの環境は，洪水時の攪乱によって強く支配されている（図2.19（A），1章を参照）。

2.4 河道内氾濫原の機能劣化とその機構

(A) 景観パッチの諸機能連関

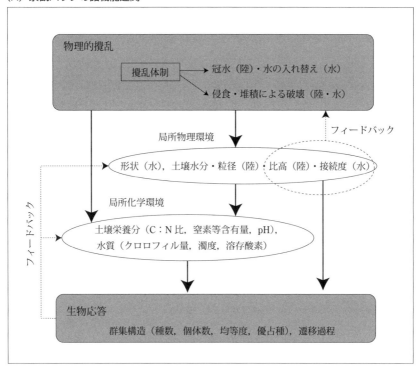

(B) 諸機能への人為・自然事象の影響機構

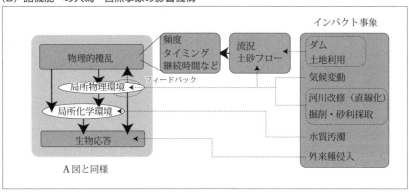

図 2.19 景観パッチの環境条件の支配要因（A）と，それに対し各種事象が影響を与える経路（B）を示す．

多くの事象が，さまざまな経路によってこれら局所環境へ影響を及ぼす(**図 2.19**（B））。例えば，ヤナギ科の植物は，実生の定着・生育に適した土壌条件を有する立地が生活史の中の好適な時期に提供されなければ，新規個体の残存が困難になる。ダムによる流況の改変はその程度が比較的小さくても，在来種の再生産過程に強い負の影響を与える[74]。したがって，水位到達のタイミングや頻度の変化は直接的に機能を低下させる。また，魚類や水生植物といった水生生物も，冠水頻度に応じた分布を示すことが知られており，地形や水質が変化すれば生息に適した局所環境が減少する[75]。より複雑で間接的な経路を介して局所環境が変化する場合もある。例えば，樹林化が進行すると，水域内での有機物堆積が促進され，貧酸素化を介して間接的に局所環境へと影響が及ぶ[76]。また，水質の変化によって，土壌特性が変化（窒素制限から窒素飽和）し，立地の栄養条件が変化する[77]。

多くの氾濫原依存種にとって，空間的に移動分散が可能な範囲に，異なる環境パッチが存在しているか否かは重要である。例えば，ヤナギ科の植物にとって，種子供給源となる母樹に成長するまでの比較的長期間安定したパッチとともに，種子が発芽・定着する裸地状の砂礫堆が，種子分散の可能な範囲に存在することが必要であろう[58]。このような生息パッチのモザイク構造が変化すると，景観スケールで特定種の生息環境は劣化する。一方，氾濫原環境に強く依存した魚類などにとっては，浅くて水温が高い成育場として適した止水環境を好適なタイミングで利用できるような，表面水を介したパッチ間の連続性が求められる。このような連続性が失われることで，当該魚種の生息環境劣化につながる[78]。したがって，各パッチの質的低下，あるいは景観スケールにおけるパッチ組成の変化や連続性の低下が，生息環境機能の低下へとつながるだろう。さらに，生物を含む物質のパッチ間移動は，一時的な物質貯留や有機物生産といった機能の維持に大きく貢献する[79]。これらの相互作用が低下すれば，河川生態系全体の物質循環の観点からも，氾濫原の重要性は低下するであろう。また，氾濫原水域の劣化は，魚類の生産量の変化を介して，河川全体の機能低下につながる場合もある[56),73]。

《引用文献》
1) 山本晃一（1999）河道計画の技術史，山海堂
2) 松浦茂樹（1989）国土の開発と河川―条里制からダム開発まで―，鹿島出版会
3) 大熊孝（2007）増補・洪水と治水の河川史―水害の制圧から受容へ，平凡社
4) 谷岡武雄（1964）平野の開発，古今書院
5) 楠田哲也，山本晃一（2008）河川汽水域―その環境特性と生態系の保全・再生―（財団法人河川環境管理財団編），技報堂出版
6) 中島秀雄（2003）図説河川堤防，技報堂出版
7) 北川糸子編（2006）日本災害史，吉川弘文館
8) 井関弘太郎（1983）沖積平野，東京大学出版会
9) 山本晃一（2010）沖積河川―構造と動態，技報堂出版，pp.430-451
10) 熊木洋太・鈴木美和子・小原昇編著（1995）技術者のための地形学入門，山海堂
11) 鈴木隆介（1998）建設技術者のための地形図読図入門，古今書院
12) 農業土木歴史研究会（1996）大地への刻印―この島国は如何にして我々の生存基盤となったか，全国土地改良事業団体連合会
13) 農林水産省，県別水土図
http://www.maff.go.jp/j/nousin/sekkei/suidozu/s_zenkoku/index.html
14) 全国水土里ネット（全国土地改良事業団体連合会）
http://www.inakajin.or.jp/
15) 一般社団法人日本工業用水協会　http://www.jiwa-web.jp/
16) 財団法人国土技術研究センター（2002）河道計画検討の手引き，山海堂
17) 建設省河川局治水課（1995）内水処理計画策定の手引き（財団法人国土開発技術研究センター編），山海堂
18) Stanley E.H., Powers S.M., Lottig N.R.（2010）The evolving legacy of disturbance in stream ecology: concepts, contributions, and coming challenges. Journal of the North American Benthological Society 29(1), pp.67-83.
19) 三宅洋（2013）流量変動・攪乱の重要性，河川生態学（中村太士編），講談社，pp.169-191
20) Church M.（2002）Geomorphic thresholds in riverine landscapes. Freshwater Biology, 47(4), pp.541-557.
21) 山本晃一（2014）総合土砂管理計画―流砂系の健全化に向けて―（山本晃一編），技報堂出版，pp.5-59
22) 道上正規・鈴木幸一・定道成美（1980）斐伊川の土砂収支と河床変動の将来予測，京都大学防災研究所年報，23（B-2），pp.493-514
23) 海野修司・辰野剛志・山本晃一・渡口正史・本多信二（2004）相模川水系の土砂管理と河川環境の関連性に関する研究，河川技術論文集，10，pp.185-190
24) 池淵周一（2009）ダムと環境の科学Ⅰ　ダム下流生態系（池淵周一編），京都大学学術出版会
25) 平朝彦（1990）日本列島の誕生，岩波書店
26) 藤岡換太郎（2012）山はなぜどうしてできるのか，講談社

27) 土屋貞夫（2006）Ⅲ.3 土砂が生産される，流域学辞典 人間による川と大地の変貌（新谷融・黒木幹夫編著），北海道大学出版会，pp.51-58
28) 貝塚爽平（1977）日本の地形，岩波書店
29) Yokoyama Y., Lambeck K., De Deckker P., Johnston P., Fifield L.K. (2000) Timing of the Last Glacial Maximum from observed sea-level minima. Nature, 406 (6797), pp.713-716.
30) 山本晃一（2010）沖積河川―構造と動態，技報堂出版
31) 芦田和男・奥村武信（1974）ダム堆砂に関する研究，京都大学防災研究所年報，17B，pp.555-570
32) Poff N.L. et al. (1997) The natural flow regime. BioScience, pp.769-784.
33) 山本晃一（2014）総合土砂管理計画―流砂系の健全化に向けて―（山本晃一編），技報堂出版，pp.304-305
34) 太田猛彦（2012）森林飽和 国土の変貌を考える，NHK 出版，pp.149-219
35) 知花武佳・原田守啓（2015）河川におけるマクロスケールの現象を大局的に捉えるアプローチの有効性，応用生態工学，18 (1)，pp.47-52
36) 辻本哲郎・村上陽子・安井辰弥（2001）出水による破壊機会の減少による河道内樹林化，水工学論文集，45，pp.1105-1110
37) 李参熙・山本晃一・島谷幸宏・萱場祐一（1996）多摩川扇状地河道部の河道内植生分布の変化とその変化要因との関連性，環境システム研究，24，pp.26-33
38) 皆川朋子・島谷幸宏（2002）住民による自然環境評価と情報の影響―多摩川永田地区における河原の復元に向けて，土木学会論文集，713，pp.115-129
39) 髙橋俊守・皆川朋子（2007）毎木調査と多時期植生図― GIS データによる侵略的外来種ハリエンジュの植生変遷解析，水工学論文集，51，pp.1261-1266
40) Takahashi M., Nakamura F. (2011) Impacts of dam-regulated flows on channel morphology and riparian vegetation: a longitudinal analysis of Satsunai River, Japan. Landscape and ecological engineering, 7(1), pp.65-77.
41) Azami K., Suzuki H., Toki S. (2004) Changes in riparian vegetation communities below a large dam in a monsoonal region: Futase Dam, Japan. River Research and Applications, 20(5), pp.549-563.
42) 萱場祐一（2000）雫石川におけるハビタットの変化と冠水頻度との関連について，環境システム研究論文集，28，pp.347-352
43) Garófano Gómez V., Martínez Capel F., Bertoldi W., Gurnell A., Estornell J., Segura Beltrán F. (2013) Six decades of changes in the riparian corridor of a Mediterranean river: a synthetic analysis based on historical data sources. Ecohydrology, 6(4), pp.536-553.
44) Rinaldi M. (2003) Recent channel adjustments in alluvial rivers of Tuscany, Central Italy. Earth Surface Processes and Landforms, 28(6), pp.587-608.
45) Swanson B.J., Meyer G.A., Coonrod J.E. (2011) Historical channel narrowing along the Rio Grande near Albuquerque, New Mexico in response to peak discharge reductions and engineering: magnitude and uncertainty of change from air photo measurements. Earth Surface Processes and Landforms, 36(7), pp.885-900.
46) Friedman J.M., Osterkamp W.R., Scott M.L., Auble G.T. (1998) Downstream effects of

dams on channel geometry and bottomland vegetation: regional patterns in the Great Plains. Wetlands, 18(4), pp.619-633.
47) 佐貫方城・大石哲也・三輪準二（2010）全国一級河川における河道内樹林化と樹木管理の現状に関する考察，河川技術論文集，16, pp.241-246
48) Nakamura F., Seo J. I., Akasaka T., Swanson F. J. (2017) Large wood, sediment, and flow regimes: their interactions and temporal changes caused by human impacts in Japan. Geomorphology, 279, pp.176-187.
49) 山口甲（1990）石狩川の捷水路と洪水氾濫原の変化，水文・水資源学会誌，4, pp.23-30
50) 藤木修・石川進作（1996）雄物川大曲捷水路の変遷について，土木史研究，16, pp.425-434
51) 平井康幸・空閑健（2005）標津川再生事業の概要と再蛇行化実験の評価―標津川における自然再生事業への取り組みについて，応用生態工学，7(2), pp.143-150
52) Whalen P.J., Toth L.A., Koebel J.W., Strayer P.K. (2002) Kissimmee River restoration: a case study. Water Science & Technology, 45(11), pp.55-62.
53) 綾史郎（2004）くらしと淀川―近年の淀川の生態環境の変化，生活衛生，48(6), pp.334-340
54) 洲崎燈子（2001）矢作川中流域の堤外地における植生と土地利用の変遷，矢作川研究，5, pp.13-26
55) Tockner K., Stanford J.A. (2002) Riverine flood plains: present state and future trends. Environmental conservation, 29(3), pp.308-330.
56) Bayley P.B. (1995) Understanding large river: floodplain ecosystems. BioScience, pp.153-158.
57) Washitani I. (2001) Plant conservation ecology for management and restoration of riparian habitats of lowland Japan. Population Ecology, 43(3), pp.189-195.
58) Nakamura F., Shin N., Inahara S. (2007) Shifting mosaic in maintaining diversity of floodplain tree species in the northern temperate zone of Japan. Forest Ecology and Management, 241(1), pp.28-38.
59) Kikuchi T. (1995) Riverbed degradation caused by gravel mining in the Sagami River, Kanagawa Prefecture, Japan. Geographical Reports of Tokyo Metropolitan University, 30, pp.89-102.
60) Dufour S., Rinaldi M., Piégay H., Michalon A. (2015) How do river dynamics and human influences affect the landscape pattern of fluvial corridors? Lessons from the Magra River, Central-Northern Italy. Landscape and Urban Planning, 134, pp.107-118.
61) Comiti F., Da Canal M., Surian N., Mao L., Picco L., Lenzi M.A. (2011) Channel adjustments and vegetation cover dynamics in a large gravel bed river over the last 200years. Geomorphology, 125(1), pp.147-159.
62) Lach J., Wyżga B. (2002) Channel incision and flow increase of the upper Wisłoka River, southern Poland, subsequent to the reafforestation of its catchment. Earth Surface Processes and Landforms, 27(4), pp.445-462.
63) Marston R.A., Bravard J.P., Green T. (2003) Impacts of reforestation and gravel mining

on the Malnant River, Haute-Savoie, French Alps. Geomorphology, 55(1-4), pp.65-74.
64) Wyżga B. (2001) Impact of the channelization‐induced incision of the Skawa and Wisloka Rivers, southern Poland, on the conditions of overbank deposition. Regulated Rivers: Research & Management, 17(1), pp.85-100.
65) 鎌田磨人・郡麻里・三原敏・岡部健士 (1999) 吉野川の砂州上におけるヤナギ群落およびアキグミ群落の分布と立地特性, 環境システム研究, 27, pp.331-337
66) Choi S.U., Yoon B., Woo H. (2005) Effects of dam‐induced flow regime change on downstream river morphology and vegetation cover in the Hwang River, Korea. River Research and Applications, 21(2-3), pp.315-325.
67) Shields Jr F.D., Simon A., Steffen L.J. (2000) Reservoir effects on downstream river channel migration. Environmental Conservation, 27(1), pp.54-66.
68) Richter B.D., Richter H.E. (2000) Prescribing flood regimes to sustain riparian ecosystems along meandering rivers. Conservation Biology, 14(5), pp.1467-1478.
69) Asaeda T., Rashid M.H., Sanjaya H.L.K. (2014) Flushing sediment from reservoirs triggers forestation in the downstream reaches. Ecohydrology, 8, pp.426-437.
70) Birken A.S., Cooper D.J. (2006) Processes of Tamarix invasion and floodplain development along the lower Green River, Utah. Ecological Applications, 16(3), pp.1103-1120.
71) Maekawa M.A., Nakagoshi N. (1997) Riparian landscape changes over a period of 46 years, on the Azusa River in central Japan. Landscape and Urban Planning, 37(1), pp.37-43.
72) Martin C.W., Johnson W.C. (1987) Historical channel narrowing and riparian vegetation expansion in the Medicine Lodge River Basin, Kansas, 1871-1983. Annals of the Association of American Geographers, 77(3), pp.436-449.
73) Ward J.V., Tockner K., Schiemer F. (1999) Biodiversity of floodplain river ecosystems: ecotones and connectivity. Regulated Rivers: Research & Management, 15(1), pp.125-139.
74) Merritt D.M., Poff N.L.R. (2010) Shifting dominance of riparian Populus and Tamarix along gradients of flow alteration in western North American rivers. Ecological Applications, 20(1), pp.135-152.
75) Kingsford R.T. (2000) Ecological impacts of dams, water diversions and river management on floodplain wetlands in Australia. Austral Ecology, 25(2), pp.109-127.
76) Negishi J.N., Katsuki K., Kume M., Nagayama S., Kayaba Y. (2014) Terrestrialization alters organic matter dynamics and habitat quality for freshwater mussels (Unionoida) in floodplain backwaters. Freshwater biology, 59(5), pp.1026-1038.
77) Antheunisse A.M., Loeb R., Lamers L.P., Verhoeven J.T. (2006) Regional differences in nutrient limitation in floodplains of selected European rivers: implications for rehabilitation of characteristic floodplain vegetation. River research and applications, 22(9), pp.1039-1055.
78) Aarts B.G., Van Den Brink F.W., Nienhuis P.H. (2004) Habitat loss as the main cause of the slow recovery of fish faunas of regulated large rivers in Europe: the transversal floodplain gradient. River research and Applications, 20(1), pp.3-23.

79) Sparks R.E. (1995) Need for ecosystem management of large rivers and their floodplains. BioScience, 45, pp.168-182.

コラム4 氾濫原依存淡水魚種の現状

　氾濫原に存在する「ワンド」や「たまり」は，河川中・下流域を生息場とする淡水魚種にとって産卵場や仔稚魚の成育場，採餌場，避難場所として重要であり，多くの魚種が一時的，あるいは生活史の大部分において利用する[1,2,3]。河道内氾濫原の変遷に応じて，これら水域を利用する魚種は近年全国的に減少し続けているのだろうか。国内に生息する汽水・淡水魚種およそ400種について，4つの文献[4,5,6,7]を調べ，河川のワンドやたまりを利用する魚種を選出した。その結果，「ワンド／わんど」「たまり」と記載のある27魚種が選出された（表1）。選出した各魚種について，環境省が作成した第2次から第4次レッドリスト[5,7,8]で指定されているカテゴリーを調べ，それぞれの変遷を追った。

　第2次レッドリストにおいて選出された魚種のうち，絶滅危惧種に指定される種は約22%であり，その他の魚種は当時学術的な種の分類が行われていない種あるいは指定外の種であった（図1）。一方，第3次レッドリストでは70%以上の魚種が何らかのカテゴリーの指定を受け，絶滅の危険性が極めて高い絶滅危惧Ⅰ類（CR+EN）に指定された種は全体のおよそ56%であった。そして，現在の第4次レッドリストでは，近年新しく分類学的に整理された魚種も含めて70%の魚種が絶滅危惧Ⅰ類（CR+EN）に指定されていた。また，選出された魚種の中にはイタセンパラやアユモドキのような国の天然記念物に指定される種も含まれていた。

　以上より，ワンドやたまりを利用する魚種の多くは，近年全国的に絶滅のリスクが増加し続けており，現在絶滅の危険性が非常に高い状況にあることが示唆された。今回対象とした4つの文献において，「ワンド／わんど」や「たまり」と表記のある魚種は限られている。これらの魚種のほかにも，河川中・下流域に生息する多くの魚種が，ワンドやたまりを利用することが知られており[1,3]，ワンドやたまりの消失や劣化はより多くの魚種に影響を与える可能性が高いと予想される。また，河川

コラム

表1 4つの文献[4),5),6),7)]において「ワンド／わんど」「たまり」と表記のあった27魚種と，第2次から第4次レッドリスト（2次〜4次RL）の絶滅危惧カテゴリー

種名	学名	2次RL (1999年)	3次RL (2007年)	4次RL (2012年)
ゲンゴロウブナ	Carassius cuvieri	指定外	EN	EN
ニゴロブナ	Carassius buergeri gradoculis	指定外	EN	EN
カネヒラ	Acheilognathus rhombeus	指定外	指定外	指定外
イチモンジタナゴ	Acheilognathus cyanostigma	指定外	EN	CR
イタセンパラ	Acheilognathus longipinnis	CR	CR	CR
ミナミアカヒレタビラ	Acheilognathus tabira jordani	未分類	未分類	CR
シロヒレタビラ	Acheilognathus tabira tabira	指定外	EN	EN
ワタカ	Ischikauia steenackeri	指定外	EN	CR
ゼゼラ	Biwia zezera	指定外	指定外	VU
ヨドゼゼラ	Biwia yodoensis	未分類	未分類	EN
ツチフキ	Abbottina rivularis	指定外	VU	EN
デメモロコ	Squalidus japonicus japonicus	指定外	VU	VU
アユモドキ	Parabotia curta	CR	CR	CR
ビワコガタスジシマドジョウ	Cobitis minamorii oumiensis	未分類	EN	EN
サンヨウコガタスジシマドジョウ	Cobitis minamorii minamorii	未分類	CR	CR
チュウガタスジシマドジョウ	Cobitis striata striata	未分類	VU	VU
トウカイコガタスジシマドジョウ	Cobitis minamorii tokaiensis	未分類	EN	EN
エゾホトケドジョウ	Lefua costata nikkonis	EN	EN	EN
ハリヨ	Gasterosteus aculeatus subsp. 2	指定外	CR	CR
トミヨ属雄物型	Pungitius sp. 3	CR	CR	CR
タナゴモドキ	Hypseleotris cyprinoides	EN	EN	EN
タメトモハゼ	Giuris sp. 1	EN	EN	EN
ゴシキタメトモハゼ	Giuris sp. 2	未分類	NT	EN
トウカイヨシノボリ	Rhinogobius sp. TO	未分類	NT	NT
シマヒレヨシノボリ	Rhinogobius sp. BF	未分類	未分類	NT
クロダハゼ	Rhinogobius kurodai	未分類	未分類	指定外
ウキゴリ	Gymnogobius urotaenia	指定外	指定外	指定外

* 「水たまり」と表記のある場合は上流域の小さな水たまりのような環境が含まれるため選出対象から除いた。また,「堰堤の下のたまり」のように,河道内氾濫減域のワンドやたまりとは異なる環境の場合も選出対象から除いた。第1次レッドリスト[9]は,分類学的な不一致が大きいことやカテゴリーが異なることから比較対象としなかった。
** ビワコガタスジシマドジョウはヨドコガタスジシマドジョウを含んでいる。

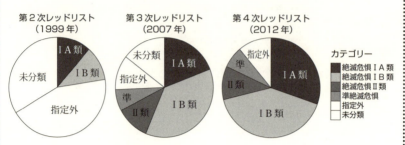

図1 ワンド・たまりを利用する魚種の第2次から第4次レッドリストにおける絶滅危惧カテゴリー割合の変遷

中・下流域に生息する魚種の減少要因は必ずしもワンドやたまりの消失,劣化だけではない。氾濫原の代替生息場となっていた水田・水路環境の悪化や乱獲,外来生物の増加,河川の縦断方向への移動阻害なども挙げられている[5),7)]。

《引用文献》
1) 傳田正利・山下慎吾・尾澤卓思・島谷幸宏（2002）特集：洪水攪乱と千曲川生態系　ワンドと魚類群集—ワンドの魚類群集を特徴づける現象の考察, 日本生態学会誌, 52, pp.287-294
2) 小川力也（2011）第2章　氾濫原の季節変化に見事に適応した生態と生活史, 絶体絶命の淡水魚イタセンパラ—希少種と川の再生に向けて（日本魚類学会自然保護委員会編）, 東海大学出版会, pp. 20-47
3) 片野修・黒川マリア・北野聡・東城幸治（2011）小河川におけるワンド・タマリの魚類群集, 陸水学雑誌, 72, pp.181-192
4) 川那部浩哉・水野信彦・細谷和美（2002）山渓カラー名鑑　日本の淡水魚　改訂版, 山と渓谷社
5) 環境省（2003）改訂・日本の絶滅のおそれのある野生生物—レッドデータブック—4. 汽水・淡水魚類, 財団法人自然環境研究センター
6) 中坊徹次（2013）日本産魚類検索全種の同定　第三版, 東海大学出版会
7) 環境省（2015）日本の絶滅のおそれのある野生生物—レッドデータブック2014—4. 汽水・淡水魚類, ぎょうせい

8) 環境省（2007）環境省第 3 次レッドリスト汽水・淡水魚類
http://www.env.go.jp/press/file_view.php?serial=9944&hou_id=8648
（2014 年 11 月 6 日閲覧）
9) 環境庁（1991）日本の絶滅のおそれのある野生生物―レッドデータブック―（脊椎動物編），財団法人自然環境研究センター

コラム 5　流路網が代替する後背湿地の連結性

　本来，後背湿地や池沼（以下，湿地池沼）は洪水により冠水し，氾濫原に依存する水生生物はこの水理的な連結性を利用することで，生活史の完結や分布拡大を行ってきた。しかし現在，農地開発と治水を目的とした築堤によって，湿地池沼の多くは堤内地に取り残され，洪水による水理的な連結性も失われつつある。このように改変を受けた氾濫原景観において，我々はどのように湿地池沼に生息する生物を保全していけばよいのだろうか？　魚類を事例に考えてみたい。

　水路や中小河川からなる「流路網」は現景観内に広範囲にわたって分布しており，残存する湿地池沼の一部はこれら流路網によって相互に水理的につながっている。筆者らの研究では，流路網を介して直接・間接的に多くの湿地池沼と連結している池沼ほど，魚類の種多様性が高いことが明らかとなった 1)。これはおそらく，定常的に流れる流路が水域どうしを連結する洪水の機能を代理し，魚類が流路網を介して移動分散を行っていたためだと思われる。この研究が示すように，氾濫プロセス自体の回復は難しい現景観においても，流路網内の落差の解消等を行い魚類が行き来できるように湿地池沼間の連結性を高めることで，後背湿地（現在の堤内地）に生息する魚類を保全できる可能性がある。

　また，実際に管理者が流路網の連結性保全を行う際に課題となるのが，「考慮すべき空間スケール」である。魚類を保全するためには，どの程度まで離れた湿地池沼どうしを流路でつないでおく必要があるのだろうか？　生息する種等によって重要な空間スケールは異なるため，残念な

がらその数値は地域依存と言わざるを得ない。しかし，地域ごとに流路網を管理する際にも留意すべき点があることがわかってきた。筆者らは，農地内の湿地池沼に生息するトミヨ属淡水型（*Pungitius* sp. Freshwater type）を対象に，空間スケールが個体数および遺伝的多様性それぞれの分布に与える影響を検証した。その結果，遺伝的多様性のほうが個体数よりも，遠く離れた池沼との連結性の有無に影響を受けていた 2)。これは，遺伝的多様性が稀な個体の移入に強く影響を受けるためである。遺伝的多様性の維持は種の長期的な存続には欠かせない要素である。この研究結果から，個体数の分布パターンのみから推定した空間スケールに基づき流路網の連結性の保全を行った場合，遺伝的多様性の維持が危ぶまれる可能性があることが明らかとなった。

　洪水が抑制され，氾濫原自体が本来とは異なるシステムに移行してしまった今，後背湿地やそこに生息する生物の保全も大きな転換点を迎えつつあるといえる。上記の既往研究が示すように，流路網は堤内地に残存する湿地池沼どうしを水理的につなぐことで，魚類の個体群や群集の維持に寄与していた。今後の氾濫原管理においては，現存の流路網を活用した湿地池沼ネットワークの保全が重要な課題となってくるだろう。

《引用文献》
1) Ishiyama N., Akasaka M., Nakamura F. (2014) Mobility-dependent response of aquatic animal species richness to a wetland network in an agricultural landscape. Aquatic Sciences, 76, pp.437-449.
2) Ishiyama N., Koizumi I., Yuta T., Nakamura F. (2015) Differential effects of spatial network structure and scale on population size and genetic diversity of the ninespine stickleback in a remnant wetland system. Freshwater Biology, 60, pp.733-744.

第3章
河道内氾濫原の保全と再生

3.1 保全・再生の手順

　保全・再生計画を立案する際には，氾濫原に依存する種が持続的に生育・生息できることが最も重要な視点となる。このためには，対象河川における氾濫原依存種の生育・生息に必要な氾濫原環境の量，質，配置を設定する必要があるが，現実には，この設定を行うための知見に乏しく，適用可能なアプローチとなっていない。当面は，氾濫原環境の面積や氾濫原環境に依存する種が減少傾向にある"氾濫原環境の劣化区間"を明確にし，氾濫原環境が良好な区間は維持したうえで，劣化区間における氾濫原環境の再生を高水敷掘削等の治水整備，自然再生事業を駆使しながら行うことが現実的であろう。

　具体的な手順の例を示す（図3.1）。氾濫原環境の保全・再生を考える場合には，環境が類似した区間（環境類型区分）に対象区間を分割したうえで，各区分において氾濫原環境の現状を過去等の状態と比較して評価し，氾濫原環境が良好に維持されているエリア，劣化しているエリアに色分けすることが必要である。なお，環境類型区分については「河川事業の計画段階における環境影響の分析方法の考え方 2002」に詳細が記述されているので，参考にして欲しい[1]。次に，氾濫原環境が劣化している区間については，過去の自然的・人為的インパクトの変遷，地形や流量の変化から氾濫原環境の劣化要因を分析し，劣化要因の除去を念頭に置きながら再生の可能性を模索する。また，治水・利水計画，高水敷の利活用の計画を踏まえて具体的な保全・再生エリアを設定し，保全エリアについては環境の監視を，再生エリアについ

●第3章●河道内氾濫原の保全と再生

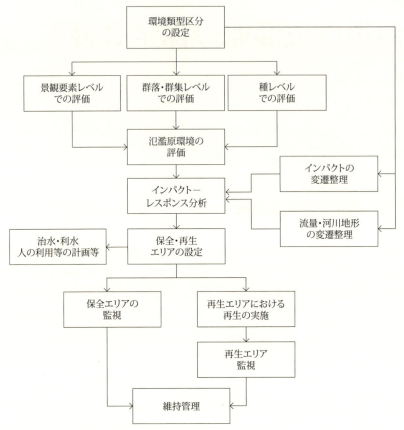

図3.1 保全・再生のフロー

ては環境の再生を行い,維持管理段階に移行していく。
　以下,各ステップにおける具体的な内容を記すが,インパクト-レスポンスの分析方法は未確立であり,試行錯誤を行いながら対応している状況にある。このため,この部分は研究の動向を見ながら,別途情報提供を行いたい。

3.2　河道内氾濫原の評価方法

3.2.1　評価対象

　氾濫原環境の評価として最初に行うべきことは,現況の氾濫原環境を過去

の同一区間の状況や類似の区間における状況と比較し，現況が良好な状態にあるのか，劣化しているのかを判断することである．

一般に，生物多様性については，そのすべてを評価することは困難と言われている．このため，生物多様性の状態を推し量る「代用指標」を設定し，これに基づき評価する方法が有効となる．ここでは，空中写真，河川水辺の国勢調査等の既存データの活用という視点を踏まえ，代用指標として「景観要素」「群落・群集」「種」の三つのレベルを取り上げる．

植物・魚類を対象として三つのレベルの概要と把握手法としての長所・短所を取りまとめた（**表**3.1）．それぞれのレベルで取得できるデータの空間的な範囲，過去に遡れる期間が異なる．また，種では直接的に生物多様性の

表3.1 景観，群落・群集，種の概要と長短所

対象分類群	景観要素	群落・群集	種
植物	<概要> 樹林地，草本地，裸地，人工地など陸域における景観要素を示す．空中写真，河川水辺の国勢調査基図調査結果などから分布を判読できる． <長短所> 長期間に及ぶ概括的な環境の変化を把握することが可能である．	<概要> 植物群落・群集の区分を示す．河川水辺の国勢調査の基図調査結果を活用して，把握が可能である． <長短所> 河川水辺の国勢調査実施区間内であれば面的な分布の把握が可能である．ただし，景観要素と比較して把握できる期間は短い．面積が小さい群落が把握されていないといった問題がある．	<概要> 生息種の在・不在・個体数などを示す．河川水辺の国勢調査における植物調査結果を活用することができる． <長短所> 調査地区内で着目している種の生息の状況やその変化を把握することができる．ただし，調査地区内でのデータしか得られないため，区間全域の面的分布などの把握は困難である．
魚類	<概要> 瀬・淵，ワンド，たまりなど空中写真から判読できる水域における景観区分を指す <長短所> 長期間に及ぶ概括的な環境の変化を把握することが可能である．ただし，瀬・淵など水域における環境要素の区別は，判読者によって変化する可能性がある．	<概要> 生息する種全体の在・不在，個体数などの組み合わせを示す．河川水辺の国勢調査における魚類調査結果を活用して把握が可能である． <長短所> 調査地区内の群集の状況その変化を把握することができる．ただし，都区内でのデータしか得られないため面的分布などの把握は困難である．また，結果の解釈がやや難しいため，あまり活用されていない．	<概要> 生息する種の在・不在・個体数などを示す．河川水辺の国勢調査における魚類調査結果から把握が可能である． <長短所> 調査地区内で着目している種の生息の状況やその変化を把握することができる．ただし，地区内のデータしか得られないため，面的分布などの把握は困難である．

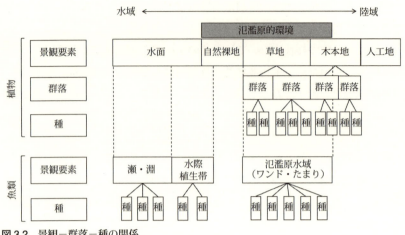
図3.2 景観－群落－種の関係

評価が可能なのに対して，景観要素では生物多様性に関わるすべての項目を評価できないといった特徴がある。使用に際しては，それぞれの特徴を十分理解し，これらの長所を組み合わることにより評価を行う。

次に，三つのレベル間の関係性を見てみよう（図3.2）。河道の横断方向，すなわち，水域から陸域を横軸とし，植物については景観要素と群落，種との関係を，魚類については景観要素と種との関係を概念的に示した。植物については景観要素と群落，群落と種との間に一定の関係が見られるため，景観要素が決まれば当該景観要素を構成する群落が，群落が決まれば群落を構成する種を想定することができる。一方，魚類は植物と比較して移動性が高く，一つの景観要素で生活史が完結しない場合が多い。ただし，氾濫原環境の代表的景観要素であるワンドやたまりといった氾濫原水域（サブ水域と呼ばれる場合もある）に依存するイシガイ類やタナゴ類は，生活史のすべてもしくは大部分を氾濫原水域で過ごすことから，その環境を評価すれば，それらの生息状態をある程度評価することが可能と考えられる。

3.2.2 評価アプローチの概要

氾濫原環境の評価は，ある区間における景観，群落，種の現状を，当該区

間の過去の状況や参考となる他区間（リファレンスサイト）の状況と比較することにより行うのが一般的である。景観，群落は面積での比較が可能であり，種については氾濫原等の特定の生息場に依存する種の組み合わせ，種数や個体数での比較が可能である。これらの項目を，過去やリファレンスサイト（他区間で参考となるサイト）の値と比較することにより，氾濫原環境の健全度の評価を行うことになる。

　上記の比較の方法を再度整理すると，①同一区間の過去の状況をリファレンスとし，過去からのトレンドを把握して，現在の評価値が過去と比較してどのような状況になっているかを確認する方法，②当該河川もしくは類似河川の中で河川環境が良好に保たれていると判断される区間をリファレンスとし，これと比較する方法，の二つとなる。①は，同一区間を対象とするため容易に比較を行える反面，どの時点をリファレンスとするのか，また，過去と現在のデータが同じ精度で取得されているかどうかが課題となる。一方，②は，データを同精度で取得できる反面，どの河川・区間をリファレンスにするかが課題となる。いずれの手法にも長所・短所があるので，無理のない範囲内で両方を適用することが大切である。例えば，過去に遡ることができるデータが現存する場合には，その範囲内で①の評価を行うことは必要であるし，同一河川内に良好な河川環境が維持されている区間がある場合には②の評価を行うとよい。以下では陸域を対象とした評価方法として，三つのレベルの中で群落を選定し，①の評価を行った例を示す。

　なお，河道内氾濫原の水域部についての評価は，ワンドやたまりの面積に加えて，それらがどの程度の頻度・期間・強度で冠水するかも重要な視点となる（2.4参照）。

3.2.3　群落レベルでの評価

(1) 概　　要

　植物群落には，種組成やそれらの量的配分，空間配置に一定の規則性があることが知られている。このため各群落の分布と時間的変化を理解できれば，陸域の氾濫原環境としての劣化の状況や良否をある程度推測することが可能となり，保全・再生すべき群落やエリアを抽出することができる。また，群

落は植物だけでなく陸上昆虫，鳥類の生息場との対応関係があるため，群落のタイプから他の分類群の生息場としての価値を推し量ることもできる。さらに，植物群落の分布は洪水や人為的改変の履歴そして物理化学的環境に支配される。このため，群落の分布と時間変化から，人為的・自然的な攪乱の履歴，各群落が成立している場所の物理化学的環境をある程度推測することが可能である。

　氾濫原環境が維持されているエリアには，扇状地区間であれば河原固有の植物から構成される群落が，自然堤防区間であれば湿地性の植物から構成される群落が成立する可能性が高くなるが，河床低下や洪水流量が減少すると氾濫原に依存する群落が縮小し，より乾燥に適した群落が成立する。このような群落の変化は群落内に生育する重要種や外来種にも関連する。例えば，千曲川における群落とその構成種との関係を見ると，水面からの比高が小さく，かつ水面までの距離が近い湿地性の群落において重要種が確認される傾向が高くなる。逆に，水面との比高が大きく，水際から遠く，より乾燥した場所に成立する群落については外来種の被度が高くなる傾向が示されている（**図 3.3**）。

　このように，群落の分布およびその時間的な変化は，ある場所の氾濫原環境が過去と比較して劣化しているかどうかを教えてくれるだけでなく，自然的・人為的インパクトの履歴を理解する材料となるので，積極的に活用したい。ただし，河川技術者が，群落の分布が記載された植生図とその変遷を眺めたとしても，各群落の保全上の価値を推定するだけの知識に乏しく，氾濫原環境の良し悪しや，劣化の状態を理解することは難しい。ここでは，氾濫原環境に成立する群落を抽出し，抽出した群落に保全上の価値づけを行うことにより，優先的に保全を図るべき群落やエリアを抽出する方法の例を紹介する。

(2) 方　　法

　環境類型区分やセグメント等，評価対象区間を明確にしたうえで以下の手順で作業を進める。河川水辺の国勢調査で 5 年ごとに実施されている河川環境基図作成調査（2005 年度までは植物調査）では，1990（平成 2）年ごろを

3.2 河道内氾濫原の評価方法

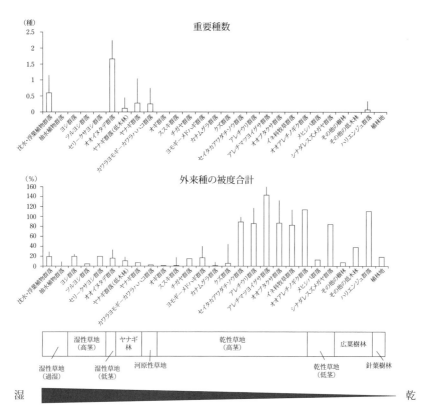

図 3.3 各群落で確認された重要種数,外来種被度合計

初年度として数回の植生図が作成されている。また,原則として植生図に記載されたすべての群落区分に対して群落組成調査も実施されている。河道内の植生図を同一の方法で複数年代にわたって作成しているのは本調査だけであることから,複数回の調査結果を比較しながら,以下(次頁)に示す4つの視点から優先的に保全すべき群落を抽出する。ここで,b),c),d) は氾濫原に依存する種を対象とした視点ではないが,環境保全上重要かつ不可欠な視点であるため設定している。ただし,図 3.3 に示したように,氾濫原に成立する群落に重要種が含まれ,かつ,外来種が少ない可能性を踏まえると,b),d) の群落は a) に該当することが多い。なお,4つの視点の詳細については,コラム 7 に示したので参考にして欲しい。

a) 氾濫原に成立する群落（典型性）
b) 重要種が含まれる群落（希少性）
c) 種組成が特殊であり，面積が小さい群落（特殊性）
d) 特定外来生物・生態系被害防止外来種が含まれていない，かつ，外来種の被度が低い群落（外来性）

具体的な検討フローを図 3.4 に，具体的手順を以下に示した[2]

① 河川水辺の国勢調査の準備

河川水辺の国勢調査の「植生図（河川環境基図，GIS データ含む）」「植生面積」と「群落組成調査結果」を用いる。

② 氾濫原環境に成立する群落の抽出

氾濫原環境に成立する群落を明確にする。氾濫原環境に成立する群落の考え方については，コラム 6 を参照して欲しい。

③ 群落と種の関連性の整理

「群落組成調査結果」から対象河川データを抽出し，群落と種の関連づけを行い，出現群落の種組成を仮定する。

④ 群落面積の変遷の把握

「植生面積」のデータを用いて対象区間における各群落の総面積を集計する。

⑤ 優先的に保全すべき群落の抽出

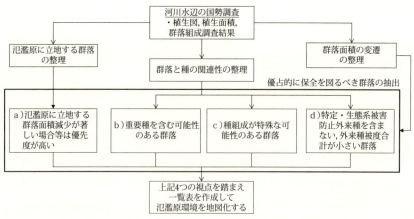

図 3.4　保全対象群落設定までのフロー

4つの視点から優先的に保全すべき群落を抽出する（保全優先度の設定）。抽出方法については，コラム7に一例を示したので参考にして欲しい。なお，コラム7にも記載したが，a）典型性については，②の「氾濫原環境に成立する群落」をそのまま用いてもよいが，河床低下が進んでいない河道等では，この群落が極めて広範囲に分布することになり，例えば，河道掘削の影響を回避するための掘削範囲を調整することが困難になる。このため，面積の減少が著しい群落のみを優先的に保全すべき群落とし，保全上より優先度の高い群落のみを選定する場合もある。

⑥ 一覧表と地図の作成

以上の結果を一覧表として整理する。一覧表には以下の内容を網羅する。この結果は，氾濫原環境の評価で活用する。

- 群落名と氾濫原環境に成立する群落
- 各群落の面積の変遷
- 氾濫原環境に成立する群落（a：典型性）
- 重要種が含まれる群落と重要種名（b：希少性）
- 種組成が特殊で面積が小さい群落（c：特殊性）
- 特定外来生物が含まれ，外来種の被度合計が高い群落とその調査地の被度合計平均値（d：外来性）

一覧表の作成とともに，a：典型性，b：希少性，c：特殊性，d：外来性に該当する群落を地図化し，その経年的な分布域の変化を明らかにする。

⑦ 氾濫原環境の評価と保全・再生候補地の設定

氾濫原環境の劣化の状態は，「⑥ 一覧表と地図の作成」で作成した地図に基づき，a）〜d）の分布の経年的変化を確認することにより容易に評価が可能である。分布域が著しく縮小すれば劣化を示し，ある程度の分布域を有し，かつ，総面積があまり変わらなければ健全な状態を維持している可能性が高い。ただし，洪水等により群落は消長を繰り返すことが多いことから，分布域やその面積は調査回によって変わる傾向にある。縮小に向かう一方向の変化なのか，縮小と拡大を繰り返しているかを見極めることも重要である。なお，最近の調査ほど，植生図に表示される各群落の分布域の広がりが正確かつ細分化される傾向にある。このため，面積を比較する際には，過去の調

査精度と異なる点に留意する必要がある。

　直近の地図において，a）の群落が空間的に広がりを持って分布するエリアは良好な河道内氾濫原を有するという視点から保全すべき候補地と位置づけが可能であり，逆に，空間的な広がりがなく分布が限定されている場合には氾濫原環境そのものが希少になっているという視点から保全すべき候補地と位置づけることができる。一方，b），c）の群落が分布するエリアは一般に分布域が狭く，人為的な改変により消失する可能性が高い。優先的に保全すべき候補地と位置づけるべきであろう。

　過去と比較して上記群落が縮小・消失しているエリアは氾濫原環境が劣化していることを示し，氾濫原環境の再生候補地の一つと考えることができるだろう。なお，保全・再生候補地から保全・再生エリアを抽出する考え方については，3.3.2 に示す。

(3) 氾濫原環境の評価例

　作成例として千曲川の 65 〜 82 km を対象に保全すべき氾濫原に成立する植物群落の抽出を行った結果を示す（**表 3.2**）。ここでホザキノフサモ群落およびリュウノヒゲモ群落は，群落組成調査が実施されたにも関わらず，植生図では区分されていなかった。この理由として，各群落パッチが小面積であったことが挙げられるが，氾濫原植物群落に該当するため，ここでは評価対象として扱った。

　確認された全 36 群落の内，氾濫原に成立する群落は 12 群落，希少性，特殊性の観点から抽出された群落は，それぞれ 6 群落，3 群落であり，希少性についてはハリエンジュ群落を除き氾濫原に成立する群落であった。一方，氾濫原に成立する群落のうち，外来性の観点から抽出された群落は 20 群落という結果になった。

　表 3.2 で整理した対象区間の中から延長約 3.5 km を抽出し，a）〜 d）の視点に基づき抽出した群落の空間分布を地図化し，その変遷を示した（**図 3.5 (a) 〜 (d)，口絵**）。a）〜 c）の中には，経年的にその分布域が縮小している群落があることがわかる。例えばカワラヨモギ−カワラハハコ群落（a, b, c），ヨシ群落（a）とオオイヌタデ−オオクサキビ群落（a, b）は，1994（平

成 6) 年時点では, それぞれ砂州, 高水敷, 河岸を中心に分布していたが, 1999（平成 11）年には裸地が大幅に拡大し, カワラヨモギーカワラハハコ群落の大部分が失われた。同様にヨシ群落も失われ, 多くが保全対象外の群落へと遷移した。2004（平成 16）年には, 氾濫原に成立する群落の各群落パッチが縮小し, 小規模なパッチのいくつかが消失した。直近の 2008（平成 20）年にはカワラヨモギーカワラハハコ群落, ヨシ群落はすべて消失し, オオイヌタデーオクサキビ群落も水際の陸域側に沿って局所的に分布するのみとなった。

以上のように, 河川水辺の国勢調査が開始されてからわずか 15 年程度の間に, 千曲川の対象区間の氾濫原環境は大きく変貌しており, 特に保全すべき群落が, 近年, 急速に縮小してきていることが示された。今後, 前述した視点に立って保全・再生候補地を設定し, 他の要件も踏まえて保全・再生を図っていくことが大切になるだろう。

3.3 保全・再生の実践

3.3.1 保全・再生の基本的な考え方

保全・再生に関する基本的な考え方は, 当該河川において氾濫原環境に依存する種が持続的に生育・生息できるための氾濫原環境の量・質, 配置等を明確にし, これが実現されるような河道の計画・設計, 土砂や流量の制御をしていくことにあろう。しかし, 氾濫原に依存する個体群の存続に必要な氾濫原環境の量, 質, 配置等に関する知見に乏しく, このような考え方を基礎として保全・再生を進めることは困難である。現段階で実施可能な方策は, 現況把握の結果を元に, 良好な区間は保全を図りつつ, これ以上の氾濫原環境の損失を抑え, 劣化している区間はできる限り再生を図ることである。

保全・再生に関する二つ目の基本的な考え方は, 氾濫原環境が維持されているプロセスを理解し, このプロセスが保全・再生されるように働きかけることである。氾濫原環境は, 洪水に伴う冠水や洪水時の地形変化, 物質の流入・流出, 生物の移動・流失・定着といった動的なプロセスのもとで成立している。保全・再生を進めるにあたっては, 当該区間における動的なプロセ

表 3.2　千曲川（65-82 km）における

基本分類名	群落名	氾濫原植物群落	群落面積の	
			1994年	1999年
沈水	01_ ホザキノフサモ群落	○	-	-
沈水	01_ リュウノヒゲモ群落	○	-	-
一年草本	05_ アレチウリ群落			0.7
一年草本	05_ オオイヌタデーオオクサキビ群落	○	25.5	3.9
一年草本	05_ オオブタクサ群落		13.2	10.8
一年草本	05_ カナムグラ群落		0.2	11.3
一年草本	05_ ヒメムカシヨモギーオオアレチノギク群落		0.2	2.1
一年草本	05_ メヒシバーエノコログサ群落		26.5	13.8
一年草本	05_ メマツヨイグサーマルバヤハズソウ群落			0.1
多年広葉草本	06_ カワラヨモギーカワラハハコ群落	○	2.1	0.1
多年広葉草本	06_ セイタカアワダチソウ群落			3.3
多年広葉草本	06_ ヨモギーメドハギ群落		6.9	3.3
単子葉草本	07_ ヨシ群落	○	76.9	33.7
単子葉草本	08_ ツルヨシ群集			2.1
単子葉草本	09_ オギ群落	○	34.9	57.8
単子葉草本	10_ オニウシノケグサ群落		1.7	0.8
単子葉草本	10_ カモガヤーオオアワガエリ群集			0.3
単子葉草本	10_ シナダレスズメガヤ群落			3.6
単子葉草本	10_ シバ群落			
単子葉草本	10_ ススキ群落			
単子葉草本	10_ セリークサヨシ群集	○	19.7	29.3
単子葉草本	10_ チガヤ群落			0.2
ヤナギ高木林	12_ カワヤナギ群落	○	25.9	14.7
ヤナギ高木林	12_ コゴメヤナギ群集	○		0.6
ヤナギ高木林	12_ タチヤナギ群集	○	5.3	20.0
その他の低木林	13_ クズ群落		0.1	0.3
その他の低木林	13_ クロバナエンジュ群落			
その他の低木林	13_ ノイバラ群落			0.3
落葉広葉樹林	14_ オニグルミ群落	○	0.7	0.7
落葉広葉樹林	14_ ケヤキ群落			
落葉広葉樹林	14_ ムクノキーエノキ群集	○		1.5
植林地（竹林）	18_ 竹林			0.2
植林地	19_ スギ・ヒノキ植林			
植林地	20_ シンジュ群落			
植林地	20_ その他の樹林		0.9	
植林地	20_ ハリエンジュ群落		3.8	9.6

注 1）"○" は典型性，希少性，特殊性，外来性の観点から保全を図るべき群落候補を示す．
注 2）本表では，"氾濫原性植物群落" と "典型性" を同じ群落としている．実際には，氾濫原植どうかを判断するとよい．

氾濫原に依存する群落等の整理結果

変遷（ha）		典型性 保全優先度	希少性 保全優先度	(重要種名)	特殊性 保全優先度	外来性 保全優先度	(外来種被度合計(%))
2004年	2008年						
-	-	○	○	ヤナギモ	○	○	6
-	-	○	○	リュウノヒゲモ	○	○	0
2.8	33.1						85.9
0.3	5.1	○	○	アブノメ, カワヂシャ, タコノアシ, ヌマガヤツリ		○	15.8
10.7	6.5						86.9
9.4	59.5						0.1
3.6	5.1						113.5
8.5	5.2					○	12.7
1.0							143.5
0.1		○	○	ツメレンゲ, カワラニガナ	○	○	0.01
7.6	4.6						88.6
2.3	11.4					○	16.6
11.3		○				○	19.7
4.1	13.9					○	4.3
108.5	77.2	○				○	0.5
22.2	3.2						80.8
0.1							87
3.3	3.8						105.5
	0.1					○	0
0.1						○	1.5
5.3	20.0	○					17.5
0.2						○	26
22.3	20.0	○					12
7.7	3.0	○					12.9
12.6		○	○	ホソバイラクサ, タコノアシ			3.5
1.2	0.6					○	5.5
1.8	1.5						56.8
						○	0
4.8	0.02	○					2.2
0.1						○	0.3
1.5		○				○	14.8
0.0						○	18
0.1						○	0
0.1	0.1					○	31.1
							24.5
20.1	20.7		○	ホソバイラクサ			110.2

物群落の中で広い分布域を有している，近年減少が著しい等の状況を踏まえ保全優先度が高いか

- 典型性に該当する群落
- 典型性に該当しない群落
- 自然裸地
- 水域
- 評価対象外

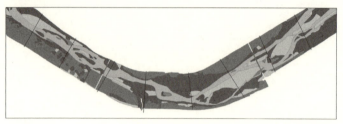

1994（平成6）年

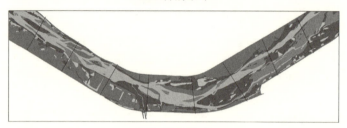

1999（平成11）年

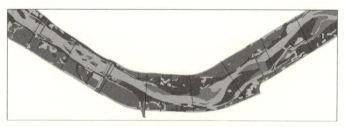

2004（平成16）年

2008（平成20）年

図 3.5(a)　氾濫原環境（典型性）の地図化の例（千曲川）（カラー図は口絵を参照）

3.3 保全・再生の実践

■ 希少性に該当する群落
■ 希少性に該当しない群落
■ 自然裸地
■ 水域
■ 評価対象外

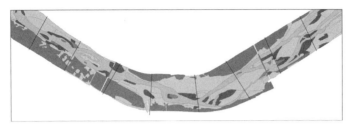

1994（平成6）年

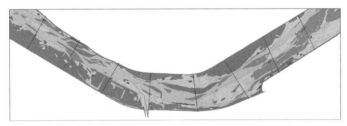

1999（平成11）年

2004（平成16）年

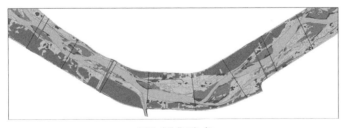

2008（平成20）年

図3.5(b) 氾濫原環境（希少性）の地図化の例（千曲川）（カラー図は**口絵**を参照）

第3章 ● 河道内氾濫原の保全と再生

■ 特殊性に該当する群落
■ 特殊性に該当しない群落
■ 自然裸地
■ 水域
■ 評価対象外

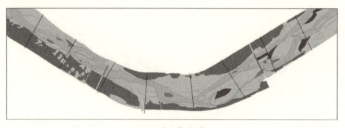

1994（平成6）年

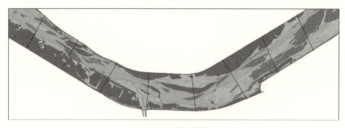

1999（平成11）年

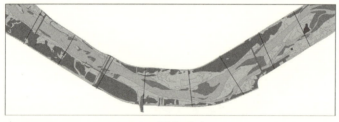

2004（平成16）年

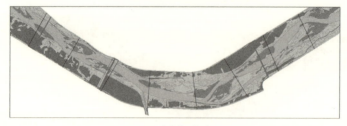

2008（平成20）年

図 3.5(c) 氾濫原環境（特殊性）の地図化の例（千曲川）（カラー図は**口絵**を参照）

3.3 保全・再生の実践

■ 外来性に該当する群落
■ 外来性に該当しない群落
■ 自然裸地
■ 水域
■ 評価対象外

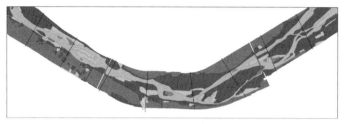

1994（平成6）年

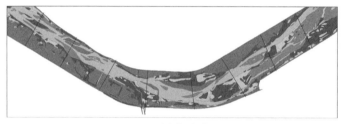

1999（平成11）年

2004（平成16）年

2008（平成20）年

図 3.5(d) 氾濫原環境（外来性）の地図化の例（千曲川）（カラー図は**口絵**を参照）
「外来性に該当する群落」とは、外来種が優占せず被度合計が50％未満の群落を示す。

スを理解したうえで，良好な区間については，このプロセスを保全すること，既に劣化している区間については，プロセスの劣化要因を明確にし，プロセスそのものが機能するように再生することが大切となる。ただし，扇状地区間と自然堤防帯区間では，氾濫原環境が維持されるプロセスが異なる。また，同一区間であっても上流からの土砂供給量，河床勾配や川の横断形状の違いによって，プロセスは同一ではないだろう。このため，対象区間ごとに，氾濫原環境の維持に関わる動的なプロセスを具体的に理解したうえで保全・再生を図ることが大切である。また，プロセスの理解においては，冠水頻度や地形的な要因だけでなく，場合によっては，水質や外来種等の氾濫原環境の劣化要因を広範に捉え，幅広い視点から劣化プロセスを分析し，その結果を保全・再生に生かすことが必要である。

　保全・再生に関する三つ目の基本的な考え方は，氾濫原依存種や氾濫原と関連づけられる群落，景観要素のモニタリングを行い，今後実施する事業実施計画や維持管理計画に反映させることにある。保全エリアにおいても，時間とともに乾燥化が進み氾濫原性の群落が衰退する可能性がある。また，一度再生したエリアにおいても，土砂堆積が進みワンド・たまりが機能しなくなる，または再樹林化するなどの可能性がある。特に，再生を行ったエリアにおける現象の変化は早く，かつ，予測が難しいことから，注意深く監視し，問題があれば維持管理段階において地形等の修正を行うほか，その後に再生するエリアでの計画・設計へ反映し，PDCA型の進め方を行うことが大切である。

3.3.2　保全・再生エリアの設定

　原生的な氾濫原環境が著しく減少している現状を踏まえれば，例えば3.2.3の「⑦ 氾濫原環境の評価と保全・再生候補地の設定」において整理した保全候補地を保全エリアに，再生候補地を再生エリアとするのが望ましいだろう。しかし，現実の河川空間は，治水上の制約や高水敷の利活用に対する要求があるだけでなく，堤内地で消失した環境（例えば，森林性鳥類の営巣場）の代替地としての機能が求められる場合もある。また，流況や土砂供給量は氾濫原の動的プロセスを維持する要素として重要であるが，これらを保全・

再生することは社会制約上困難な場合が多い（例：ダムのフラッシュ放流）。

したがって，保全・再生エリアを設定する際には，当該区間の治水，環境，人の利活用の視点に加え，対象区間における氾濫原環境の動的プロセスをどこまで再生できるかという視点を踏まえる必要がある。

ただし，治水整備の主要なメニューの一つとなっている河道掘削は，一時的に氾濫原環境の消失を引き起こすが，新たに形成された掘削面は平常時の水面からの比高を小さくし，氾濫原的環境の創出につながる可能性があることから，掘削範囲を再生エリアとして位置づけることも可能である。この場合，掘削範囲を氾濫原環境として機能させるためには，治水上の断面を確保したうえで，氾濫原環境の再生に効果的な断面設定を行う必要がある。この点については，3.3.4に詳述したので参照して欲しい。

3.3.3 氾濫原環境の再生アプローチ

ここでは，河川整備において実現可能性の高い手法を取り上げ，河道内氾濫原の再生という視点から，その考え方を整理し，説明する。なお，ここで挙げた再生アプローチの実践は，4章の国内外事例において参照されるので，併せてご覧いただきたい。アプローチ方法と事例の対応については，**表3.3**に整理した。

2章でも述べたように，氾濫原依存種が持続的に生育・生息するためには，対象とする領域が一定の頻度や規模で洪水攪乱を受けること，そして，これらの条件に見合う領域の面積が同一河川内に十分確保されていなければならない。これらの条件も踏まえつつ，氾濫原環境の再生アプローチを，流域，河道内外での対応に分類した（**表3.3**）。

(1) 流域での対応
1) 流況改変

流況の変化，特に，洪水流量の減少は氾濫原の攪乱の頻度・強度を低下させる。扇状地区間においては河床変動の機会が減少して河原が更新されなくなる（自然裸地の形成が抑制される）。自然堤防帯区間においては，たまりなどの冠水頻度が減少して二枚貝等の生息が困難になる。ダムの放流操作な

表 3.3 河道内氾濫原再生のアプローチ

方　　法		概　　要	適用できる セグメント		事　　例	
			セグメント1	セグメント2	日本	海外
①流域 での対応	1) 流況改変	ダムからのフラッシュ放流など洪水時の流量を増大する，流況の季節性を再現するなどにより，氾濫原環境を再生する方法。	○		札内川*	オールドマン川*
	2) 人為的な土砂供給	土砂バイパスによる土砂供給，土砂還元などによる下流への土砂供給により，河原などを再生する方法。	○		多摩川（永田地区）	
②河道 内外で の対応	1) 河道掘削	河道の陸域部分を切り下げて冠水頻度・強度などを増大させる方法。治水の整備メニューとして日本においては数多くの河川で実施されている。また，河原・ワンド・たまり再生のように自然再生事業などで実施される場合がある。	○	○	揖斐川* 木曽川* 吉野川など	ワール川*
	2) 水位上昇	横断工作物により水位を上昇させ，洪水時に氾濫原への冠水を促進する方法。事例は多くない。		○	標津川	
	3) 氾濫原域の拡大	引堤などによる堤内地を河道に取り込み氾濫原域を拡大する，堤内地へ計画的に氾濫（遊水）させ氾濫原域を拡大する方法。ただし，遊水池は冠水頻度が低下する場合があるので留意する。		○	松浦川（アザメの瀬）*	ドナウ川* コスムネス川*

*4章で紹介される事例

どにより攪乱の頻度や強度を増大させると，河原を再生する，あるいは，たまりなどにおける生息環境を改善できる可能性がある。ただし，日本における河道内氾濫原の劣化は河床低下に起因していることが多いこと，河道内氾濫原がダム地点より相当下流にある場合が多いことから，流況操作による再生効果は期待できない場合が多い。

2) 人為的な土砂供給

　置土や恒久的堆砂対策に伴うダムからの土砂供給は下流に対する土砂供給量を増加させ，扇状地区間に対しては河原の再生に寄与する可能性が高い。ただし，置土はダム直下で行われることが多く，扇状地区間までの距離が遠い場合には，その効果が伝搬するには相当の時間を要する。このような場合

には，礫成分を含む材料を継続的かつ長期間置土することが必要となる。なお，恒久的堆砂対策（土砂バイパス）に伴う土砂供給は実績に乏しいが，現在，いくつかのダムで下流河道に対する影響・効果の予測と検証を行っている段階にある（例えば，那賀川の長安口ダム）。

(2) 河道内外での対応

1）河道掘削

陸域部の河岸・高水敷を掘削することにより攪乱・冠水の頻度や期間を増大させる方法である。現在，治水整備メニューとして多くの河川で実施され，今後も実施が見込まれる河道掘削は，河床低下に伴い比高が高まった高水敷を切り下げることにより，環境に対する追加的なコストをあまりかけずに氾濫原的環境を再生できる可能性が高い。この手法の詳細については後述する。

2）水位上昇

低下した河床を横断工作物などにより上昇させ，水をせき上げることにより河道内氾濫原に導水する方法である。河道内氾濫原内に旧河道部があり，ここへの通水が効果的と見込まれる場合に実施されることがある。

3）氾濫原域の拡大

堤引堤等により堤内地の一部を河道内に取り込む，堤内地を河川区域に指定し遊水池として氾濫原環境を拡大する方法等がこれにあたる。

3.3.4 河道掘削を活用した氾濫原環境の再生

(1) 河道掘削による氾濫原環境再生の考え方

河道掘削は洪水時の水位を低下させる治水整備メニューとして多くの直轄区間で採用されている。近年の河道掘削は，水域への影響を回避するために，例えば，平水位以上の陸域を対象として実施されることが多い（いわゆる高水敷掘削）。河道掘削は一時的に陸域や土壌・植物の消失，これらに依存する生物に影響を及ぼすが，掘削後は掘削面と本川水位との比高が減少するため，掘削地盤面の冠水頻度や湿潤状態が高まり，自然裸地の再生，氾濫原に成立する群落や種の再生に寄与する可能性が高い（**写真3.1**）。そこで本節では，河道掘削を活用して氾濫原再生を行う場合の考え方と留意点を述べる。

(2) 河道掘削における二つのフェーズ

ここでは，河道掘削が陸域環境に一時的なインパクトを与えることに鑑み，この影響緩和の手法も含めて具体的な再生のアプローチについて，全体の流れを概説する。河道掘削は大きく二つのフェーズ（段階）から構成される[2]。

一つ目のフェーズは「①河道掘削実施段階のフェーズ」である。この段階では，河道掘削を実施した際に掘削範囲の陸域環境が一時的に改変されるため，この影響を評価し，必要に応じて影響緩和を行う必要がある（**図 3.6**）。具体的には，設定した保全・再生エリアに河道掘削範囲を重ね，保全エリアを回避するように河道掘削範囲を設定することが大切となる。回避できない場合には，どの程度の面積の氾濫原環境が一時的に消失するかを見積もり，保全エリアの消失面積が大きくなる場合には，必要に応じて生育地の代替地を確保する等，影響緩和を図る必要があるだろう。特に，典型性に該当する群落で近年分布域が著しく減少している場合や，希少性と特殊性の視点から抽出した群落が含まれている場合には，上記プロセスに基づきこれらの群落面積をこれ以上減少させないことが大切である（**図 3.6**）。また，特定外来生物が含まれる等防除すべき群落の場合には河道掘削と合わせて分布域の縮小を図ることも考えるべきであろう（**図 3.6**）。

二つ目のフェーズは「②河道掘削終了段階のフェーズ」である。この段階

写真 3.1 河道掘削後の植生の回復状況

3.3 保全・再生の実践

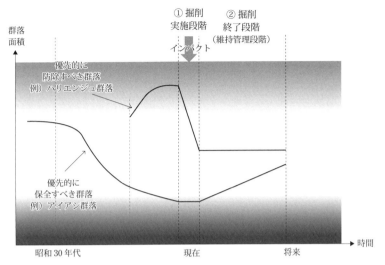

図 3.6 河道掘削，二つのフェーズ
過去と比較して減少著しい群落は，河道掘削段階にこれ以上面積を減らさないように配慮することが必要である。一方，面積を拡大させている外来種が優占する群落は掘削時に除去することを念頭に，置くとよい。

では，河道掘削面に裸地が創出され，その後の洪水に伴う地形や表層材料の変化とワンド・たまりの形成，そして，植物の侵入と定着が始まり，植生が回復していく（図 3.6）。回復，遷移した植生や，形成されたワンド・たまりは洪水によって変化し，例えば，木本類から草本類に，草本類が自然裸地に置き換わったり，たまりが土砂堆積によって消失したりといった，時間的に動きのある現象が生じる。さらに，維持管理行為に伴う樹木の伐開や堆積土砂の除去により掘削面の環境が変化することもあるだろう。氾濫原環境を再生するという視点に立てば，河原の維持，もしくは氾濫原に生育・生息する群落や種の再生が期待できる河道掘削断面を設定し，その後の管理においても良好な氾濫原環境を維持する視点を持つことが重要である。したがって，河道掘削にあたっては，治水上必要な流下断面を確保しつつ，氾濫原環境の再生，維持管理の方法も念頭に置いて最適な河道掘削断面を設定する必要がある。この方法は，現在研究途上であり十分確立されていないが，現段階でわかっている知見を取りまとめて，以下に示す。

(3) 氾濫原再生のための河道掘削のポイント

河道掘削には平常時の水面以下まで掘り下げ，掘削面が常時水没する低水路拡幅型の掘削もあるが，ここでは，掘削が氾濫原環境の再生に寄与する場合を取り扱うこととし，低水路拡幅もしくはこれに近いケースは対象としない。以下から，扇状地区間（セグメント1）と自然堤防帯区間（セグメント2）に分けて記述する。

1）扇状地区間におけるポイント

扇状地区間（セグメント1）では河原の再生と河原に依存する植物，鳥類，陸上昆虫の保全が再生の目的となる場合が多い。かつて日本における扇状地の河道内には河原が広く分布していたが，近年の河床低下等により低水路が縮小し，比高の高い部分に植物が侵入して樹林化が進行している河川が多い。河道掘削ではこの比高の高い部分を掘削し，比高を下げて河原として再生し，これを維持する試みがよく行われる。

河原はその位置が時間的に安定しているように見えても，洪水時に上流から流下する材料がその場の材料（河床材料）と置き換わることにより維持されている。したがって，河道掘削により河原を再生する場合には，河床変動に伴い材料が入れ替わる高さと幅，すなわち，河床変動が生じる河道（active channel）の範囲を見極めることが大切である。この範囲を定量的に見出す手法は確立されていないが，洪水時における掃流力が河床材料の移動限界掃流力を上回り，河床変動が起きる範囲を目安にして，高さと幅を設定するのが最も簡便な方法であろう。具体的には，平均年最大流量時の河床材料に対する無次元掃流力 τ_* が 0.05～0.06 を上回る高さと幅を河原として維持できる範囲として設定する（図 3.7）。

ただし，上流からの土砂供給量が減少している場合には，河原を構成する材料が置き換わる頻度は減少し，河原が草地化，樹林化する可能性がある。この場合は，自然の営力（洪水）によって河原として維持できる範囲が高さ，幅ともにより小さくなることを念頭に置き，より陸域側の部分を河原として維持するためには河原の耕転や除草といった人為的な管理を前提とすることが必要となる。なお，自然の営力と人為的な管理に基づく河原の再生と維持については，4章の札内川における再生事例も参考にして欲しい。

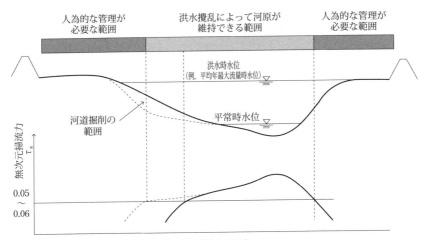

図 3.7 河道掘削断面と河原が維持できる範囲の概念
左岸側の陸域部を掘削し(点線部分),無次元掃流力が 0.05 〜 0.06 を超過する範囲が左岸側に拡大したことを示した。

2) 自然堤防帯区間におけるポイント

　自然堤防帯区間(セグメント 2)では氾濫原に依存する湿性植物,ワンド・たまりといった氾濫原水域に依存するイシガイ科二枚貝やタナゴ類等の魚類が再生の対象として考えられる。セグメント 2 でも,河床低下に伴う氾濫原環境の乾燥化が生物多様性を損なわせているものと考えられ,低水路もしくは平常時の水面との比高を小さくする河道掘削は,生物多様性の回復に寄与するものと期待される。

　セグメント 2 における河道掘削後の氾濫原環境で着目すべき応答特性として,①土砂堆積状況,②植生・魚介類の回復状況の 2 点が挙げられる。両者とも掘削高さと関係があることが知られており,河道掘削にあたっては,治水上の断面を確保したうえで,①②の観点から掘削高さと範囲の設定を行っていくことになる(図 3.8)。ただし,①については,低水路からの距離と関係し,低水路近傍では堆積スピードが大きく,低水路から離れるにつれて(堤防に近づくにつれて)堆積スピードが小さくなるため,その後の地形・生物相の応答については,低水路に近い領域と遠い領域では差異があることを理解したうえで,掘削断面を設定する必要があるだろう。

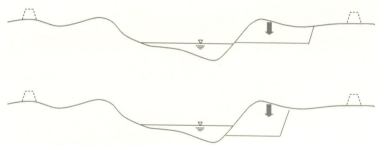

図3.8　異なる河道掘削断面の概念図
　　　　掘削地盤高を上げて幅を広くする，掘削面を下げて幅を狭くするなど，さまざまな掘削断面の設定方法がある。

　まず，①土砂堆積状況について考えてみたい。一般に，掘削を行い地盤面が低下した河道内氾濫原では，原生的な氾濫原と比較して土砂堆積の速度が速く，氾濫原環境の早期劣化が不可避である。例えば，原生的氾濫原における堆積速度は0.1〜1.0cm/年程度なのに対し，河道内の掘削エリアにおける堆積速度は5〜12cm/年と見積もられており，原生的な氾濫原と比較して1〜2オーダー大きいといわれている[3]。このため，掘削後に比較的早期に土砂が堆積して掘削面に微地形の形成が進み，ワンドやたまりを含む多様な環境の形成が期待される反面，河道の縮小が進み過ぎると治水上の流下能力を確保できなくなる可能性もある。

　このような土砂堆積の速さは掘削高さ，掘削した箇所の低水路に対する位置関係によって異なり，一般には掘削高さが低く，低水路近傍において堆積スピードが速いことが武内らの研究[4]から指摘されていた。例えば，4河川を対象とした低水路と高水敷の比高と堆積領域の河床高上昇速度の関係を見ると，比高の増大に伴い上昇速度が低下することが観測されている（図3.9）。ただし，近年の永山らの研究[5]から，低水位〜豊水位程度のレンジで掘削した場合には，より高い掘削地のほうが，堆積速度が大きくなることが揖斐川において明らかにされた。武内らの研究[4]は，低水路と高水敷の比高が1〜5m程度と高い比高域における堆積速度を示したのに対し，永山らの研究[5]では，より低い比高域を主な対象とした結果であった。このことから，図3.9で不足している低い比高域での堆積速度の傾向をより多くの河川で明

らかにし，掘削高さと堆積速度の傾向を一般化する必要がある。

一方，環境の面からは，低く河道掘削を行った場合，二枚貝の生息が期待できる良好なワンド・たまりが形成されることが，上述の永山ら[5]による揖斐川での研究から報告されている。詳細は4章の国内事例（木曽川・揖斐川の事例）を参照してほしい。揖斐川

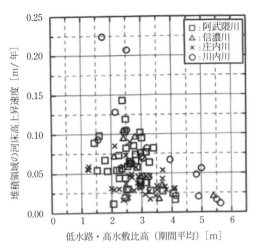

図3.9　低水路・高水敷比高と堆積領域の河床高上昇速度との関係（武内ら（2011）[4]から引用）

では，水位を目安としてさまざまに高さを変えた掘削地区が複数存在しており，掘削後の土砂堆積により微地形が発達しワンド・たまりが自然に形成されていた[6]。前述のとおり，揖斐川の掘削地における土砂堆積は，高い掘削地区ほど早く進んだ。一方，二枚貝の生息量は低い掘削地区（渇水位〜平水位程度）においてより多かったが，時間が経過するにつれて減少した。このことから，形成されたワンド・たまりの生息環境が徐々に劣化していたことが理解される。これは，低い掘削工区の土砂堆積速度が緩やかであるとはいえ，徐々に堆積して，冠水頻度の低下が生じたことなどが原因ではないかと考察されている。

次に，植生の変化を見てみよう。同じく揖斐川で掘削後の植生の変化を掘削高さ別に整理した結果[7]を見ると（**表3.4**），渇水位相当高さで掘削した断面では開放水面として維持されたが，低水位以上の掘削高さの場合では，切り下げ後3年までに湿性の一年生草本群落が成立し，氾濫原的環境が再生された可能性が示されている。ただし，切り下げ後5〜10年が経過すると，切り下げ面にはヤナギが繁茂し，樹林化が進行したことを示す結果となった。

このように，低水路近傍では掘削高さが低いと土砂堆積に伴う微地形形成が促進され，良好な氾濫原環境が形成されるが，その後の土砂堆積と樹林化

表 3.4 揖斐川における切り下げに伴う初期条件の違いが河川植生の変化に及ぼす影響

比高	渇水	低水	平水	豊水
切り下げ前	多年生草本	1年生草本	多年生草本	木本（ヤナギ）
切り下げ初期	開放水面	1年生草本	自然裸地	1年生湿性草本
切り下げ後（3年）				
切り下げ後（5～10年）	開放水面	木本（ヤナギ）	木本（ヤナギ）	木本（ヤナギ）

に伴い，いったん形成された氾濫原環境は時間の経過ともに徐々に劣化していく傾向が伺えた（**図 3.10**）。ただし，土砂堆積速度は流域特性，低水路法線との関係（直線区間，湾曲部外岸・内岸）によって異なる。また，樹林化に至るプロセスも掘削後の洪水の履歴や上流からのヤナギの種子散布量により異なる[8]。したがって，河道掘削にあたっては，低水路法線との関係が異なる箇所で試験掘削を行い，土砂堆積・植生のモニタリングを行い，どの程

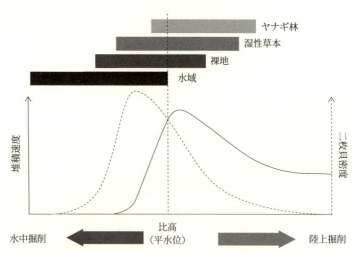

図 3.10 掘削面の高さと堆積速度と二枚貝の生息植物の生育などとの関係の概念図
河道掘削からある一定の時期を経過した際の状況を示す。
実線は堆積速度，点線は二枚貝の生息密度を示す。
着色されたバーは掘削面がヤナギ林，湿性草本，裸地，水域となる相対的な高さ関係を示している。

度の期間で氾濫原環境が劣化していくかを明確にすべきであろう。また，劣化した場合には河積の確保を目的として行われる維持掘削を活用し，この機会に合わせて氾濫原環境をリフレッシュする等の対応が必要になるだろう[5]。

なお，土砂堆積が極端に遅い場合には，平坦な掘削面をそのまま放置すると土砂堆積に伴う微地形の形成が期待できないため，氾濫原環境の多様性を確保できない可能性が高い。例えば，高水敷上の低水路から離れた箇所では洪水時の浮遊砂濃度も低く，洪水時の土砂堆積速度も低水路付近と比較して小さい。このような場合には，河道掘削面にたまり等の微低地を造成する，掘削面に粘土層が露出する場合は砂で被覆する等人為的に生育・生息場所を整えることが必要になる。

《引用文献》
1) 河川事業の計画段階における環境影響の分析方法に関する検討委員会（2002）河川事業
2) 萱場祐一・片桐浩司・傳田正利・田頭直樹・中西哲（2014）河道掘削における環境配慮プロセスの提案，河川技術論文集，20，pp.157-162
3) 永山滋也・原田守啓・萱場祐一（2015）高水敷掘削による氾濫原の再生は可能か？—自然堤防帯を例として，応用生態工学，17（2），pp.67-77
4) 武内慶了・服部敦・藤田光一・佐藤慶太（2011）細粒土砂堆積による高水敷形成現象を1次元河床変動計算に組み込んだ河積変化予測手法，河川技術論文集，17，pp.161-166
5) 永山滋也・原田守啓・佐川志朗・萱場祐一（2017）揖斐川の高水敷掘削地におけるイシガイ類生息環境—掘削高さおよび経過年数との関係，応用生態工学，19（2），pp.131-142
6) 原田守啓・永山滋也・大石哲也・萱場祐一（2015）揖斐川高水敷掘削後の微地形形成過程，土木学会論文集B1（水工学），71（4），pp.I_1171-I_1176
7) 大石哲也・萱場祐一（2013）河川敷切り下げに伴う初期条件の違いが植生変化に及ぼす影響に関する一考察，環境システム研究論文発表会講演集，41，pp.351-356
8) 池田茂・對馬育夫・片桐浩司・大石哲也・萱場祐一（2015）遺伝解析と流況分析を用いたヤナギ類の侵入・定着機構の解明，水工学論文集，60，pp.1045-1050

コラム6　氾濫原環境に成立する植物群落

　氾濫原は，先史以来，人間活動の主要な場として利用されてきた[1]。近年の都市化に伴い沖積平野の後背湿地が広い範囲にわたって開発され，さらに河川や湖沼に堤防が整備されることで，多くの氾濫原植生が失われた[2]。その結果，かつての氾濫原植生は，現在では堤防と堤防の間の河道内や河跡湖，周辺の水田，水路などきわめて限定的なかたちで残されるに至った[3,4]。

　こうした氾濫原に成立する植物群落としては，具体的にどのようなものが挙げられるだろうか。現在，国内において氾濫原性の植物群落を明示したものはない。本コラムでは，河川水辺の国勢調査（以下，水辺の国調）の「植物群落一覧表」[5]に記載された396の植物群落を対象に，氾濫原の植物群落を抽出する簡便な方法を提示する。用いる資料は，『改訂新版日本植生便覧』[6]である。本書には，植物社会学的な方法によって体系づけられた全国の植物群落の群集名が記述されており，水辺の国調の群落名（群集名）の一部は，本書の群落体系に従って決定されている[7]。なお，本コラムにおける「氾濫原」は，洪水時に流水が河道からあふれて氾濫する範囲[8]とし，上流の谷底平野から，沖積平野の自然堤防とその背後に形成される後背湿地や河跡湖，水田，河口の塩沼地まで，さらに堤防が整備された区間においては，河道内の高水敷やワンド・たまりを含む広範囲を想定している。山地渓畔域の植物群落（ケヤキ群落，サワグルミ群落，キシツツジ群落など）については含めていない。

　氾濫原の植物群落を抽出する具体的な方法としては，まず，①改訂新版日本植生便覧の「植物群落総目録」に示された成立特性から，氾濫原に成立しうる群集を抽出する。本コラムでは，河辺，流水辺，河畔，池畔，沼畔，湿地，後背湿地，低湿地，泥湿地，塩沼地，沖積地，湿性草地，塩生草地，泥質土上のいずれか，あるいはこれらに類似した環境に成立する群集を氾濫原の植物群落として取り上げた。例として関東以西に分布するムクノキ－エノキ群集を挙げると，本群集が成立するのは「低

地帯の沖積地，適潤地」と記載されており，沖積地と記載されていることから氾濫原の植物群落として抽出される。なお，植物社会学的な方法によって体系づけられた植物群落は，概ね「○○群集」と表記される。

水辺の国調では，各調査者が認識した相観や優占種に基づいて植物群落の区分が行われているために，ホザキノフサモ群落やカワラヨモギ−カワラハハコ群落のように，植物社会学の体系に当てはまらず，「植物群落総目録」に記載されない植物群落が数多く記載されている（多くは「○○群落」と表記される）[9]。そこで次に，②改訂新版日本植生便覧の「日本植物種名辞典」を用い，優占種もしくは主要な群落構成種が以下のいずれかに該当する群落を氾濫原の植物群落として抽出する。なお外来種が優占する植物群落についてはこれらの対象外とする。

・「生活形」（ラウンケアの休眠型による区分）が「水湿植物（HH）」の種
・「生育地」（地形的観点から分類）が，「河辺，流水辺，河畔，河岸，水湿地，沼沢地，湿地，低湿地，泥湿地，後背湿地，湿性地，低層湿地，湿性草原，湿原，池溝，水面，流水中，水中，沈水，池沼，池畔，沼畔，富栄養沼，水田，半塩水，塩生湿地，塩沼地，水湿砂地」のいずれかの種

上記の方法によって抽出された氾濫原の植物群落リストを表1に示す。水辺の国調の植物群落一覧表に記載された396の植物群落のうち，氾濫原の植物群落として抽出されたものは156群落（群集）であり，全植物群落の4割程度が該当した。これらのうち，環境省レッドリスト掲載種が優占するか，主要構成種にレッドリスト掲載種を含む群落として37群落（群集）が該当した（表1参照）。特に，沈水植物群落の50％，浮葉植物群落の57％，塩沼植物群落の40％はレッドリスト種の優占群落であり，積極的に保全すべき対象といえるであろう。

繰り返しになるが，本コラムでの氾濫原の範囲は，上流の谷底平野から河口の塩沼地，さらに周辺の水田までを含む広範囲を想定した。もちろん，氾濫原の想定範囲をどこまでとするかによって対象となる植物群落は異なってくる。塩沼地や水田の植物群落を対象とするかについては，

103

● 第3章 ● 河道内氾濫原の保全と再生

表1 河川水辺の国勢調査の全396の植物群落から抽出された氾濫原の植物群落リスト

基本分類コード	基本分類	水辺の国調植物群落数	氾濫原植物群落数	該当する群落（群集）（*は優占種もしくは主要構成種にレッドリスト掲載種を含む植物群落を示す）
1	沈水植物群落	19	16	*ホザキノフサモ群落，エビモ群落，ヤナギモ群落，ササバモ群落，*クロモ群落，*フサモ群落，*ササエビモ群落，マツモ群落，*セキショウモ群落，*イトクズモ群落，*イトモ群落，キクモ群落，ヒロハノエビモ群落，コウガイモ群落，*バイカモ群落，ホッスモ群落
2	浮葉植物群落	16	14	コウホネ群落，ヒシ群落，ヒメビシ群落，ヒルムシロ群落，*ホソバミズヒキモ群落，*ガガブタ群落，*アサザ群落，*オグラコウホネ群落，*ヒシモドキ群落，オヒルムシロ群落，*ホソバヒルムシロ群落，*オニバス群落，*ヒメコウホネ群落，フトヒルムシロ群落
3	塩沼植物群落	23	20	コアマモ群集，*カワツルモ群集，*ツルヒキノカサーウミミドリ群集，*シチメンソウ群落，アキノミチヤナギーホソバノハマアカザ群集，*シバナ群集，ナガミノオニシバ群集，*フクド群集，*ウラギク群集，シオクグ群集，アイアシ群集，イセウキヤガラ群集，ヒトモトススキ群集，*オオクグ群集，シチトウ群集，ハマボウ群集，ハマヒエガエリ群集，ホソノハマアカザーハママツナ群集，*ハマサジ群集，エゾウキヤガラ群集
4	砂丘植物群落	20	0	—
5	1年生植物群落	39	16	*ミズアオイ群落，タマガヤツリ群落，*カンエンガヤツリ群落，シロガヤツリ群落，ホシクサーマツバイ群落，コケオトギリーヒメヒラテンツキ群落，タカサブロウ群落，ミゾソバ群落，ヤナギタデ群落，*オオイヌタデーオオクサキビ群落，ゴキヅル群落，*ミゾコウジュ群落，カワラアカザ群落，*ヒメクグ群落，*ウリカワーコナギ群集，アゼトウガラシ群集
6	多年生広葉草本群落	39	5	クサソテツ群落，*タコノアシ群落，リュウキンカ群落，コンロンソウ群落，クワレシダ群落
7	単子葉草本群落（ヨシ群落）	3	3	ヨシ群落，イワノガリヤスーヨシ群落，セイタカヨシ群落
8	単子葉草本群落（ツルヨシ群落）	1	0	—
9	単子葉草本群落（オギ群落）	1	1	*オギ群落
10	単子葉草本群落（その他）	65	31	ウキヤガラーマコモ群集，サンカクイーコガマ群集，カンガレイ群落，ヒメガマ群落，

コラム

基本分類コード	基本分類	水辺の国調植物群落数	氾濫原植物群落数	該当する群落（群集） （*は優占種もしくは主要構成種にレッドリスト掲載種を含む植物群落を示す）
				ガマ群落，*フトイ群落，*ミクリ群落，*ナガエミクリ群落，エゾオオヤマハコベークサヨシ群落，セリークサヨシ群集，アシカキ群落，ヒライーカモノハシ群集，カモノハシ群落，チゴザサーアゼスゲ群集，オニナルコスゲ群落，アキカサスゲ群落，カサスゲ群落，イ群落，ホッスガヤ群落，ウシノシッペイ群落，コバノウシノシッペイ群落，*ヤマトミクリ群落，ヌマハリイ群落，ハイキビ群落，オオカサスゲ群落，エゾノサヤヌカグサ群落，ヤラメスゲ群集，ヤマアゼスゲ群落，クロアブラガヤーツルアブラガヤ群落，ヤマイ群落
11	ヤナギ低木林	3	2	イヌコリヤナギ群集，ネコヤナギ群集
12	ヤナギ高木林	30	24	オオバヤナギードロノキ群集，オオバヤナギードロノキ群集（低木林），エゾノキヌヤナギーオノエヤナギ群集，エゾノキヌヤナギーオノエヤナギ群集（低木林），タチヤナギ群集，タチヤナギ群集（低木林），ジャヤナギーアカメヤナギ群集，ジャヤナギーアカメヤナギ群集（低木林），シロヤナギ群集，シロヤナギ群集（低木林），コゴメヤナギ群集，コゴメヤナギ群集（低木林），エゾノカワヤナギ群落，エゾノカワヤナギ群落（低木林），オノエヤナギ群落，オノエヤナギ群落（低木林），カワヤナギ群落，カワヤナギ群落（低木林），ケショウヤナギ群落，ケショウヤナギ群落（低木林），エゾノバッコヤナギ群落，エゾノバッコヤナギ群落（低木林），コウライヤナギ群落，コウライヤナギ群落（低木林）
13	その他の低木林	34	2	ホザキシモツケ群落，ヤチヤナギ群落
14	落葉広葉樹林	46	22	ヤチダモーハルニレ群集，ヤチダモーハルニレ群集（低木林），コナラ群落注1），コナラ群落（低木林）注1），クヌギ群落，クヌギ群落（低木林），ナガバツメクサーハンノキ群集，ナガバツメクサーハンノキ群集（低木林），ハンノキ群落，ハンノキ群落（低木林），カワラハンノキ群落，カワラハンノキ群落（低木林），ヤシャブシ群落，ヤシャブシ群落（低木林），オニグルミ群落，オニグルミ群落（低木林），ムクノキーエノキ群集，ムクノキーエノキ群集（低木林），ケヤマハンノキ群落，ケヤマハンノキ群落（低木林），カラコギカエデ群落，カラコギカエデ群落（低木林）
15	落葉針葉樹林	0	0	—
16	常緑広葉樹林	12	0	—
17	常緑針葉樹林	4	0	—

105

基本分類コード	基本分類	水辺の国調植物群落数	氾濫原植物群落数	該当する群落（群集） （*は優占種もしくは主要構成種にレッドリスト掲載種を含む植物群落を示す）
18	植林地（竹林）	8	0	―
19	植林地（スギ・ヒノキ）	1	0	―
20	植林地（その他）	17	0	―
21	果樹園	3	0	―
22	畑	2	0	―
23	水田	1	0	―
24	人工草地	1	0	―
25	グラウンドなど	3	0	―
26	人工構造物	3	0	―
27	自然裸地	1	0	―
28	開放水面	1	0	―

注1）関東平野の山麓部や山梨県の盆地などにみられる河畔のコナラ群落[13]に限り対象とする．

見解が分かれるところであろう。またさまざまな立地条件に成立する場合や優占種が複数存在している場合など，上述の方法では氾濫原植物群落かどうかを判断することが困難な場面も想定される。この場合，『日本植物群落図説』[10]に記載された群落構成種の情報や，『日本植生誌』[11]などの文献を参考にして抽出するとよい。

　これまで述べてきた氾濫原の植物群落には，分布や成立条件などの情報が極端に不足している対象が多い。特に，沈水植物群落や浮葉植物群落は，研究対象として取り上げられることが少なく，基本的な分布情報さえもわかっていない。水辺の国調では，植生図作成の際の群落境界の最小単位を，図面上で0.5×0.5 cm程度としている[12]。これは，1/5 000の精度で作図した場合，25×25 m未満の群落パッチが認識されないことを意味する。河道内の小規模なワンド・たまりや水路に成立する沈水植物群落，浮葉植物群落の多くは，こうした調査精度の問題から，これまで水辺の国調の中で分布情報が十分に把握されてこなかった可能性がある。今後，調査方法の見直しをはじめ，河道内氾濫原の植物群落の状況を的確に捉えていくための方策を検討することが必要であ

る。

《引用文献》
1) 鷲谷いづみ（2007）氾濫原湿地の喪失と再生—水田を湿地として生かす取り組み，地球環境，12，pp.3-6
2) Mitsch W.J., Gosslink J.G. (2000) Wetlands. 3rd ed. John Wiley Sons, New York.
3) 永山滋也・原田守啓・萱場祐一（2015）高水敷掘削による氾濫原の再生は可能か？—自然堤防帯を例として，応用生態工学，17（2），pp.67-77
4) Muller N. (1995) River dynamics and floodplain vegetation and their alterations due to human impact. Arch. Hydrobiol. Suppl. 101 Large Rivers, 9, pp.477-512.
5) 以下ホームページ参照
http://mizukoku.nilim.go.jp/ksnkankyo/mizukokuweb/system/maegaki.files/shiryo2.pdf
6) 宮脇昭・奥田重俊・藤原陸夫（1994）改訂新版・日本植生便覧，至文堂
7) 岡田昭八・前田諭・松間充（2003）河川水辺の国勢調査における植生図凡例の統一について，リバーフロント研究所報告，14，pp.101-108
8) 日本陸水学会編（2006）陸水の辞典，講談社サイエンティフィク
9) 矢ヶ崎朋樹・佐々木寧（2000）河川水辺の国勢調査に関わる植生情報の問題点とその検討—「河川水辺の国勢調査」植生調査データについて，生態環境研究，7（1），pp.89-103
10) 宮脇昭・奥田重俊編著（1990）日本植物群落図説，至文堂
11) 宮脇昭・奥田重俊編著（1981）日本植生誌，至文堂
12) 国土交通省水管理・国土保全局河川環境課（2006）平成18年度版 河川水辺の国勢調査基本調査マニュアル［河川版］（河川環境基図作成調査編）
13) 吉川正人・野田浩・平中晴朗・福嶋司（2007）礫床河川の河畔林としてのコナラ林—その立地と種組成について，森林立地，49（1），pp.41-49

コラム7　保全を図るべき群落を抽出する際の考え方

本コラムでは，3章で示した保全を図るべき群落を抽出する際の考え方，および具体的方法の例を示す。ここで，典型性，希少性，特殊性は積極的に保全を図るべき群落と位置づけられる。特に，希少性に該当す

る群落にはレッドリスト掲載種が生育している可能性が高いこと，特殊性に該当する群落には面積そのものが小さいことから保全対象としての優先度が高いと考えられる。ただし，典型性でも群落面積の減少が著しい場合には優先度を高くすべきである。一方，外来性は，特定外来生物の生育の視点から，保全を図っても問題のない群落を意味する。つまり，典型性，希少性，特殊性の視点から，いずれかのカテゴリーに当てはまれば保全を図るべき群落としての候補と位置づけ，外来性の視点から保全しても問題のない群落であることを確認する必要がある。以下に4つの視点から群落を抽出する方法を例示する。

【典型性の視点からの群落抽出】
　コラム6の表1で示した「群落リスト」に該当する群落を選定する。これらは，もともと河川に広く分布する群落と考えられるが，河川によっては分布域が縮小し，消失の危機に瀕している場合がある。このため，分布域が縮小している場合には，保全すべき群落としての優先度を高くすべきであろう。

【希少性の視点からの群落抽出】
　群落と種の関連性に基づき，全国的もしくは地域的に減少している種が含まれる可能性が高い群落を抽出する。具体的な種を以下に示すが，これらの法律，レッドリスト記載種は経年的に変更されるため，使用にあたっては最新の情報にアップデートする必要がある。また，これら以外にも希少性の視点から評価すべきリスト等があれば採用する。
・「文化財保護法」（法律第214号昭和25年）における天然記念物
・「絶滅のおそれのある野生動植物の種の保存に関する法律」（法律第75号平成4年）における国内希少野生動植物種
・全国版レッドリスト（レッドデータブック）（最新版を使用：平成30年5月時点「レッドデータブック2018—日本の絶滅のおそれのある野生生物—8　植物I（維管束植物）　環境省」）の掲載種
・地方版レッドリスト（レッドデータブック）の掲載種

コラム

【特殊性の視点からの群落抽出】
　特殊な種組成を持つ群落で，対象区間における総面積が小さい群落を抽出する。本事例（表3.2，図3.5の千曲川）では，TWINSPANにより固有値0.8以上で他群落から区別されるものをPC-ORDの解析ソフトを用いて選定したが，現在では，TWINSPANを実施できる汎用的なソフトの入手が困難になりつつあるため，非類似度に基づくNMDS等他の群集解析のアプローチを用いることも一つの方法である。総面積については，対象区間全体での総合計面積を10 ha以下として群落を抽出しているが，具体的な面積の閾値は各河川の状況に応じてより厳しくしてもよい。

【外来性の視点からの群落抽出】
　以下に示す特定外来生物種を含まないこと，かつ，外来種の被度合計が小さい群落を抽出する。被度合計の具体的な数値については当該河川の状況を踏まえ，より厳しい閾値に設定してもよい。特定外来生物等については経年的に変更されるため，使用にあたっては最新の情報にアップデートする必要がある。

- 特定外来生物：「特定外来生物による生態系等に係る被害の防止に関する法律」に基づき指定された特定外来生物
- 外来種：「外来種ハンドブック」（日本生態学会編 2002）「外来種リスト（維管束植物）」掲載種，「我が国の生態系等に被害を及ぼすおそれのある外来種リスト（生態系被害防止外来種リスト）」掲載種
- 外来種被度合計（％）：外来種に該当する種の被度の合計をコドラート単位で算出し，50％を上回らない。なお，被度（％）はブラウン−ブランケの5段階の被度階級を変換して算出する。ここでは，各階級の百分率の中央値を用いた（＋：0.1％，1：5.5％，2：17.5％，3：37.5％，4：62.5％，5：87.5％）。

コラム8 社会資本重点整備計画策定に向けた全国の河川の物理環境調査データの概要

　社会資本重点整備計画策定に向けた全国の河川の物理環境調査データ（以下，社整審データ）は，国土交通省が社会資本整備計画の策定に向けて，環境面から求められる川づくりの方向性を明確にするため，既存資料（空中写真）を用いて，統一的・定量的に全国の河川の物理環境を評価したデータである．社整審データの整備にあたっては，河川環境目標検討委員会の提言結果に基づき，河川環境の変化を，①河川の基本的な構造，②河川の地先構造，③流水環境，④人為改変の程度からなる4つの観点から評価するものであり，各観点の指標が選定されている（**表1**）．社整審データは，直轄管理区間を1kmピッチで分けた各区間内において各指標を計測している．計測は，Ⅰ期：1960-1974，Ⅱ期：1975-1989，Ⅲ期：1990-1995，Ⅳ期：1996-2000，Ⅴ期：2001-2005としている．

表1　社整審データ（観点，指標，指標算出方法，指標の定義）

観　点	指　標		指標算出方法
①河川の基本的な構造	蛇行度		流路延長距離/直線距離
	河道幅/水面幅		河道幅/水面幅
②河川の地先構造	低水路の状況	**開放水面面積**に対する淵の面積割合	淵の面積/開放水面面積
		開放水面面積に対する早瀬の面積割合	早瀬の面積/開放水面面積
		淵の出現頻度	淵の数/距離
		早瀬の出現頻度	早瀬の数/距離
		水際の複雑さ	水際の延長距離/流心部の延長距離
	生息場の状況	開放水面面積に対する**サブ水域**の面積割合	サブ水域の面積/開放水面面積
		水際延長距離に対する水際部の樹林延長距離の割合	水際部の樹林延長距離/水際延長距離
		陸域面積に対する**ヨシ原**の面積割合	ヨシ原の面積/陸域面積
		開放水面面積に対する**干潟**の面積	干潟の面積/開放水面面積

コラム

観　　点	指　　標	指標算出方法
③流水環境	瀬切れの発生区間数割合	瀬切れの発生区間数/調査区間数
	砂州・砂礫堆の裸地の面積	砂州・砂礫堆の裸地面積/砂州・砂礫堆の総面積
	高水敷における樹林面積割合	高水敷の樹林面積/高水敷面積
④人為改変の程度	横断構造物の出現頻度	横断構造物の数/調査区間距離
	横断構造物に対する魚道の設置割合	魚道の数/調査区間距離
	開放水面面積に対する**湛水域**の面積割合	湛水域の面積/開放水面面積
	陸域面積に対する**人工地**の面積割合	人工地の面積/陸域面積
	水際延長距離に対する自然の水際の距離割合	自然の水際の距離/水際延長距離
	環境基準未達成箇所の距離	環境基準未達成距離/調査区間距離

表中の太字は，下記の定義による．

定義
- 河道幅： 堤防地側の堤防表法肩より河川側の幅
- 水面幅： 低水流量程度の流量が流下している幅
- 開放水面面積： 水国（植物調査）基準の準用
- 淵： 「平成13年度版　河川水辺の国勢調査【河川版】　河川水辺総括資料作成調査の手引き」の方法による．
- 早瀬： 「平成13年度版　河川水辺の国勢調査【河川版】　河川水辺総括資料作成調査の手引き」の方法による．
- 水際： 低水流量程度の流量が流下するときの水際と陸域の実際の境界付近
- サブ水域： **ワンド**・止水域・**たまり**・よどみ等の主流水路以外の水域とし，湛水域は対象外．
- ワンド： 洪水時のみお筋が湾曲して残された箇所，水制による砂州の形成により水際部において，河川の通常の流れと分離した箇所で，平水時においても本川の表流水，伏流水の流れとつながっているが，流速が極めて小さい閉鎖的水域
- たまり： 平水時には，本川とつながっていない閉鎖性水域のこと（池・沼も含む）．
- ヨシ原： 「平成13年度版　河川水辺の国勢調査【河川版】　河川水辺総括資料作成調査の手引き」の方法による．
- 干潟： 「平成13年度版　河川水辺の国勢調査【河川版】　河川水辺総括資料作成調査の手引き」の方法による．
- 高水敷： 普段は冠水せず洪水時のみ流水が流れる場所．
- 湛水域： 横断構造物等により通常の流れがある高さまででせき止められ，川幅の一部ではなく，横断構造物幅一杯に湛水している区間で，その上下流と水深や流速の状況が顕著にことなる区間
- 人工地： 「平成13年度版　河川水辺の国勢調査【河川版】　河川水辺総括資料作成調査の手引き」の方法による．
- 環境基準： 環境基準とBOD75%値の比較による達成の判定

第4章
保全と再生の実践

4.1 諸外国における事例

　河道内氾濫原の人為的改変は海外のさまざまな地域でも発生しており，劣化した生態系の再生を試みた成果が報告されている。気候，地質，地形，河川規模などバックグラウンドは異なるものの，国内の河川管理の参考になる情報が含まれている場合もある。条件の似た近隣河川に限定せず，広く既往の知見を集めることは，我々が目指す国内河川の環境改善に役立つはずである。本項では，河道内氾濫原の再生に関する海外からの重要な報告のうち，特に国内河川の管理方法の考案にあたり有用性が高いと思われる事例を紹介する。

4.1.1　堤防切り下げ・開口：ドナウ川の事例 [1]

(1) 事業の背景

　ウィーンからスロバキア国境にかけてのドナウ川（Danube River）は，かつてヨーロッパに広く見られた沖積平野の景観を残しており，1996年には国立公園に指定されている。水位変動は自然の状態に近いものの，本川河道は工事により固定され，河床低下が進行し，高水敷内のクリーク（side arm, 約100年前の河道）との連続性は低下している。

　ウィーンから25 km下流の右岸で試験的な氾濫原再生事業が実施された（図4.1）。この地点の選定理由は，① 本川河道ークリーク間で十分な地下水の交換が行われていること，② 小規模な工事で表流水域の連続性を回復し

● 第4章 ● 保全と再生の実践

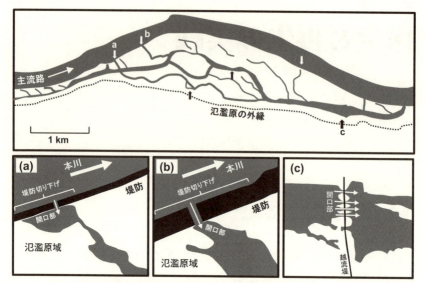

図 4.1 ドナウ川の氾濫原再生事業実施区域
（上）全体図，下向きの白矢印は主流路沿いの工事箇所を，上向きの黒矢印は側方流路の工事箇所を示す
（下）a～c 地点を拡大した図
(Tockner et al. (1998)[1] の Figure 3 および Figure 6 に基づき筆者作図)

うると予想されたこと，③利用可能な生物情報が存在すること，④面積が大きいため（氾濫原面積：570 ha）対象区間全域を代表する陸水学的過程を特定しうること，そして，⑤区域内に私有地がないことの5点である。

事業実施以前，本川河道からクリークへの表流水の流入は，年1～3回程度発生する 4 100 m³/秒以上の出水により短期的（平均期間：4日）にしか生じていなかった。平水時（年平均流量：1 950 m³/秒）は，本川の河床低下と堤防により，本川とクリークとの間で表流水域が分断されており，接続点は下流端の1点に限られている（ただし，1 900 m³/秒以下で分断）。クリークにはいくつかの横断構造物（越流堤）が建設されており，高水敷内の表流水塊をさらに細かく分断している。

事業実施区は比較的良好な環境が保たれているため，周辺区域と比して多様な生物が確認されている。例えば，絶滅危惧種を含む多種の底生動物が氾濫原内のクリークから確認されている。ただし，氾濫頻度の低下により，氾

濫原の環境変化と本川からの移入の抑制が起こり，底生動物の種組成は本川－クリーク間で大きく異なっている。本事例では，このような分断化による氾濫原生態系の劣化への対策として，自然再生事業を1996年から実施している。

(2) 事業内容

本事業は，主に2種類の工事により構成されている。

一つ目は，堤防の部分的改善による本川とクリークの連続性の向上である。具体的には，本川沿いにある堤防3か所（各30 m幅）を平均水位程度まで切り下げている（図4.1）。これにより，クリークの流量レジームは少なくとも半年は本川に同調する。さらに，これらの箇所に幅12 mの人工的な開口部を設け，本川が平均水位を下回っても，ある程度は本川－クリーク間で表流水が連続するように工夫されている。

二つ目は，クリークの連続性の向上である。氾濫原に設置されていた複数の越流堤に開口部を設けている（図4.1）。これにより，氾濫原内のクリークが一体化し，流量レジームが全体的に改善される。

期待される水文学的な効果は，① 氾濫原内の流量増加，② クリークが流水環境になる頻度の上昇と長期化，そして，③ 水位上昇による氾濫原内の浅水域の拡大，の3点である。氾濫原内の水文学的特徴は，平均水位＋2 mの条件で最も変化すると予想されている。この際，河川流量の10％がクリークに流入し，本川河道流量の減少による河床低下の緩和も期待されている。

(3) 事業の効果

事業実施の前後に多くの生物・環境調査を実施している。主な非生物パラメーターは，氾濫原の全体的な水路特性および地形，流量，表流水の滞留時間，土砂構成および移動状況である。生物学パラメーターとしては，大型水生植物，底生動物，魚類，両生類などが含まれる。さらに，植物プランクトン，一次生産，微生物生産，分解による栄養塩回帰など，生態系プロセスに関連する項目も調査対象になっている。

事前調査は 1990 年より実施され，事業開始直前の 1995 年からはより集中的に行われている。各パラメーター，プロセスは事業実施後に異なる時間スケールで反応することが予想されるため，事後調査は長期にわたり一貫した調査項目で実施することが計画された。

事業効果として，例えば，本川河道−クリーク間の連結性の向上により，氾濫原で増加した植物プランクトン由来の易分解性粒状有機炭素（labile POC）の本川への供給量が 2 倍以上になったことが報告されている[2]。

（4）国内河川管理への示唆

本事例は堤防および越流堤の開口により本川と氾濫原水域との連結性を復元している。劣化した氾濫原内の物理的プロセスを回復し，氾濫原環境の長期的改善に取り組んだ点からは，3 章**表 3.3** の「氾濫原域の拡大」に準ずる成果と解釈できる。特に注目すべきは，比較的小規模な工事により大面積の氾濫原内水域の復元を実現している点である。大陸大河川の事例ではあるが，国内の自然堤防帯河川の高水敷内に残存する水域の保全や再生を考えるにあたり，実現可能な方策の一つとして検討する価値はあるだろう。

当該河川区間は自然度の高い国立公園内に位置するものの，上流域の人為的改変により本川の河床低下や水質悪化など短期的には解決が困難な問題が進行している。さらには本川河道における航行可能性や治水安全度の維持など，さまざまな制限があるなかで実施されている事例である。本稿で紹介した連結性復元は独立した事業ではなく，河床低下の抑制，本川河道の生息場所復元，水質改善など広範な再生項目を含む総合的プログラムのパイロット的な位置づけの事例であることには注意が必要である。

4.1.2　引き堤・堤防ブリーチ：コスムネス川の事例[3]

（1）事業の背景

コスムネス川（Cosumnes River）は米国カリフォルニア州のセントラルバレーを流れる幹線流路延長約 85 km の河川である。地中海性気候のため降水は冬季に多く，源流の標高が低いため（240 m，シェラネバダ山脈西側），融雪出水は見られない。河畔域にはカリフォルニア州固有の Valley oak

(*Quercus lobata*) やハコヤナギ類 (*Populus* spp.), ヤナギ類 (*Salix* spp.) などが見られ, 鳥類や爬虫類の貴重な生息場所になっている。

本河川は, セントラルバレーを流れる主要河川のうち, 大規模な貯水ダムが建設されていない唯一の河川である。しかし, 河川水と地下水のかんがい目的の取水による地下水位の低下が問題になっている。中流域は間欠流区間 (瀬切れ発生区間) であるため, 秋季の表流水回復の人為的遅延がサケ科魚類のマスノスケ (Chinook salmon, *Oncorhynchus tschawytscha*) の産卵遡上に悪影響を及ぼすことが危惧されている。堤防建設による河道の固定化により河床低下も顕在化している。

事業実施区を含む下流域は 1987 年に自然保護区 (Cosumnes River Preserve) に指定され, 各種自然保護団体と国および地方公共団体との協働により保全・再生活動が行われている。初期は湿地造成や河畔林樹木の市民参加による植栽など, 「能動的」な活動が盛んであった。しかし, 植栽は失敗に終わることもあり, 投入する労力に比して河畔林復元の達成度は十分ではなかった。このため, 自然状態で生起していた氾濫の復元により河畔林樹木の更新プロセスを再生する方策が検討された。

本事例が特に興味深いのは, ここで, 過去の「災難」を振り返ったことである。コスムネス川では, 1985 年の出水時に (将来の) 事業実施区域内で破堤が起こっている。浸水により細粒土砂が堆積した隣接農地には林分が成立した。この箇所は「accidental forest」(偶然にできた林) と呼ばれた。その後, 15 m を超えるハコヤナギ林に発達し, 鳥類, シカ, ビーバー, カワウソの生息が確認された。林床の状況から, 将来的には Valley oak が優占する河畔林に変遷するものと期待されている。当該農地は 1987 年に自然保護団体の所有になり, 河畔林再生における自然氾濫の重要性を象徴する場所となっている。この経験に基づき, 本事例では氾濫原生態系の劣化への対策として自然再生事業を実施した。

(2) 事業内容

1995 年に, Accidental forest 下流の堤防を約 15 m 幅で除去した (堤防ブリーチ, 図 4.2)。1 万ドル程度の低予算で実現したこの工事により, 80 ha

●第4章●保全と再生の実践

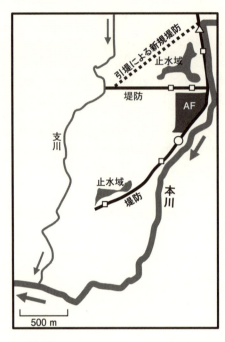

図4.2 コスムネス川の氾濫原再生事業実施区域
図中のAFはaccidental forestの範囲を，丸は1995年のブリーチ箇所を，三角は1997年の主要ブリーチ箇所を，四角は補助的なブリーチ箇所を示す
(Swenson et al. (2003)[3]のFigure 2に基づき筆者作図)

もの氾濫域を創出することに成功した．事業実施に先立って水文学的評価を実施し，堤防ブリーチにより周辺の洪水被害が深刻化することはなく，むしろ事業区域外の洪水水位が低下することがあらかじめ確認されている．

　1997年に大規模な洪水が発生し，コスムネス川全域の多くの地点で破堤が起こった．1995年の成果を踏まえ，自然保護区の管理者および周辺農地の所有者は，従来のような堤防修復や建設ではない洪水管理を行うことで合意した．そこで150万ドルの予算を得て，1999年までの期間に，引堤をメインとする新たな事業を実施した．

　Accidental forest上流の区域に氾濫原を造成するため，本川河道沿いの堤防をブリーチし，下流の堤防を約9 kmにわたり放棄した（図4.2）．そして，氾濫域の外側に新たな低い堤防を建設した．これにより復元された約40 haの氾濫域には，水鳥の生息場とすべく止水域（水深の小さな池）を造成した．さらに，副堤を複数個所でブリーチすることにより，1995年に創出した氾濫原との連続性をもたせた．

(3) 事業の効果

　一連の事業により復元された氾濫原には，Accidental forestと同様に，河畔林樹木が繁茂した．氾濫原には出水のたびに細粒土砂と河畔林樹木の種子が供給された．樹高数mのハコヤナギ林，ヤナギ林を含むさまざまな林分が成立し，多様な鳥類の生息が確認されている[4]．ただし，氾濫水が流入する堤防開口部から離れた区域ではこの効果が限定的であったため，ブリーチ箇所の移動が検討されている．

　春期に出現する湿原域には藻類と底生動物が生育し，マスノスケの稚魚と絶滅危惧種であるSplittail（*Pogonichthys macrolepidotus*，セントラルバレー固有のコイ科魚類）が生息した．水深1m以下の浅水域は，これら魚類の採餌場所かつ大型捕食者からの避難場所となり，水深1〜2mに繁茂する沈水植物ではSplittailの産卵が確認された．低水温のため外来魚類は生息できず，水温上昇により生息可能となる晩春には水位低下により表流水域が消失した．干上がりは一部の在来魚類個体の死亡も引き起こすが，それを差し引いても氾濫原域で生産される魚類は本川河道よりも多かった．

　1997年にブリーチした地点は新規堤防との距離が十分ではなく，堤防の洗掘と周辺農地への土砂堆積を引き起こしたため，その修復が行われた．その他，浸水に弱い農業施設の撤去，改善，氾濫に耐えうる最低限の道路整備など，氾濫を前提とした事業が当該区域内で継続的に実施されている．

(4) 国内河川管理への示唆

　本事例は堤防ブリーチにより氾濫原を復元している．3章表3.3の「氾濫原域の拡大」が成功した典型例と言えるだろう．過去の破堤によるAccidental forest形成の経験を生かして先駆的な事業を実施し，その成果に基づき事業範囲と規模を拡大している点が興味深い．主要な事業が完了した後も状況に応じて追加事業が行われており，洪水のような予測性の低い現象に関連する事業では順応的管理が重要であることを示唆している．

　自然保護団体（The Nature Conservancy, Ducks Unlimited）のほかに，各レベルの行政団体（土地管理局，環境保護庁，陸軍工兵司令部，カリフォルニア州魚類鳥獣保護局，カリフォルニア州水資源管理局，サクラメント郡）

の協力や支援，さらには周辺農地の所有者の参画が本事例の成果と密接に関係しているのは明らかである．コスムネス川流域がセントラルバレーの環境保全における象徴的な地域であることにもよるが，このような広範囲にわたる協力の事例がモデルとなり，革新的な氾濫原域管理が他地域において実現されることが期待されている．

4.1.3 植生除去・高水敷掘削：ワール川（ライン川）の事例[5]

(1) 事業の背景

　ライン川（Rhine River）は下流域で多くの派川に分かれ，河口が位置するオランダ南部では網の目状の流路が広がっている．全体の計画高水流量（超過確率年：1/1 250）は1万5 000 m^3/秒であったが，1993年と1995年の洪水と人為的気候変動による将来的な増加予想を反映し，1万6 000 m^3/秒に変更された．これに対し，従来のような堤防の嵩上げではなく，「河川により大きな空間を与える」という基本方針で対策が進められている．

　ライン川の氾濫原では土地利用が進行し，自然の植生遷移は起こらない．しかし，土地利用を解消すれば，地形的制限と大型草食動物の影響により，草地とヤナギ類およびセイヨウハコヤナギ（*Populus nigra*，ポプラ）の林分（softwood forest）がモザイク状に分布するようになる．さらに，100年以上にわたり攪乱を受けなければ，ナラ類（*Quercus* spp.）やセイヨウトネリコ（*Fraxinus excelsior*），ヨーロッパニレ（*Ulmus minor*）などが優占する林（hardwood forest），いわゆる極相林になる．

　ライン川氾濫原はオランダの「The National Ecological Network」に含まれており，氾濫原生態系の修復が盛んに試みられている．しかし，修復事業による急激なヤナギ林の発達は氾濫原の水理学的粗度を高め，氾濫原掘削は砂礫堆積に伴い発達した植生による土砂の捕捉を促進し，結果として河道の洪水流下能力を低下させてしまう．求められるのは，生物多様性と洪水流下能力の「長期的な」向上と維持である．

　自然状態では，氾濫に伴う浸食と堆積により遷移初期種の侵入（およびその後の遷移）という循環的な再生イベント（cyclic rejuvenation event，ここでの「再生」は「若返り」の意味に近い）が起こり，構造的多様性（景観動

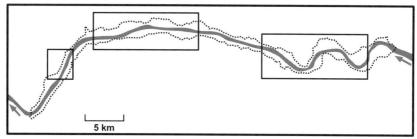

図 4.3 ワール川におけるシミュレーション対象区域
主流路を囲む点線はシミュレーションを実施した範囲を，四角は（仮想的な）工事が行われた部分を表す
(Baptist et al. (2004)[5] の Figure 3 と Figure 4 を参考に筆者作図)

態），機能的多様性（生態学的遷移）および生物の種多様性が維持されている。しかし，自然氾濫をライン川のような改変河川で発生させ，こうしたプロセスを復元することは非現実的である。そこで，自然氾濫の機能を長期的に復元する方策が必要になる。

本事例では，ライン川下流の最大派川であるワール川（Waal River，総流量の2/3が流れる）の50 km区間を対象としている（図4.3）。堤防間の幅は0.5～1.0 kmであり，全体として堆積傾向にある。氾濫原域（総面積：9 500 ha）のほとんどは畜牛の放牧地である。この河川区間で，長期的な洪水流下能力確保と氾濫原生態系の再生・維持の双方を目指して，具体的な河川管理法を検討，提案している。

(2) 事業内容

本事例では，「循環的氾濫原再生」（Cyclic Floodplain Rejuvenation，CFR）という戦略を提案している。これは，洪水流下能力を確保しつつ，自然氾濫と流路形状変化の効果を模倣することにより長期的な氾濫原生態系の再生・維持を目指している。

氾濫原堆積モデルと植生発達モデルにより，5年のタイムステップで50年間のシミュレーションを実施した。氾濫原上の土砂堆積と植生遷移をGIS上でシミュレーションした（50 m×50 mグリッド）。出水の規模と頻度は1901年より蓄積されている流量データから推定した。ステップごとに推定

された氾濫原高を用いた一次元水理モデルにより,計画高水流量時(1万6 000 m³/秒)の各横断面における水位を計算した。

CFRを実現する具体的な手段(以後,CFR手段とする)として,次の三つがシミュレーションに取り入れられている(図4.4)。

ⅰ)氾濫原植生(softwood)の除去
ⅱ)二次流路の掘削
ⅲ)氾濫原植生と土砂の除去(高水敷の掘削)

さらに,長期的変化を再現するため,シミュレーションでは三つの循環的なステージを想定している(図4.4)。

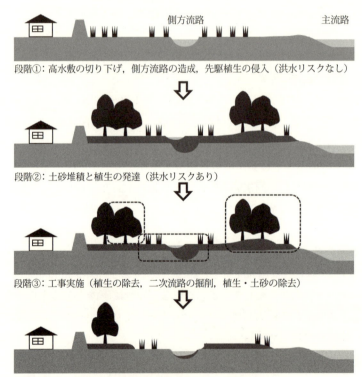

図4.4 ワール川における循環的氾濫原再生(CFR)の概要
段階①〜③の循環を表す横断図
(Baptist et al. (2004)[5]のFigure 2を改変転載)

1) 計画高水流量（1万6 000 m³/秒）の流下能力が確保された状態
2) 氾濫原の土砂堆積と植生発達により流下能力が低下した状態
3) CFR手段を実施した状態
3) により流下能力は回復し，以降，1)〜3) の循環となる。

以上の一連のシミュレーションを1) を初期条件として行うことにより，本事例では，当該河川区間にCFRを導入した場合の効果を推定している。

(3) 事業の効果

計画高水流量時の水位は氾濫原の土砂堆積と植生繁茂により時間とともに上昇した。氾濫原の土砂堆積に伴う急激なsoftwoodの繁茂により，水位上昇は初めの10年に著しかった。複数の区間で10年後，25年後，35年後にCFR手段が必要になった。都市域上流の狭窄区間では10年後にはさまざまな大規模対策が必要になり，（仮想的に）実施された。

CFR手段が必要になった面積は，総面積9 500 haのうち，10年後に530 ha，25年後にさらに230 ha，35年後にはさらに1 230 ha拡大した。除去土砂量は，それぞれ5×10^6 m³，5×10^6 m³，12×10^6 m³で，森林除去面積（植被率100％換算）は，それぞれ100 ha，30 ha，230 haであった。氾濫原への土砂の堆積量は5年間で4×10^6 m³で，対象区域の氾濫原全体で平均すると1年に0.8 m程度だった。しかし，堆積量は場所によって大きく異なり，対策実施により氾濫原高が低下した箇所などで多い傾向が見られた。

CFRを取り入れることによりモザイク状の植生分布が実現した。10年後には森林率10％以下の箇所が多く草地が広く分布していたが，30年後には森林率10〜25％の箇所が増加した。50年後，森林はさらに拡大したものの，対策を実施した箇所では森林率は低く，全体として多様な群落が成立すると推定された。これはかつてワール川にみられた自然氾濫原と似た景観である。

結論として，都市域周辺の狭窄部を除けば，氾濫原域の15％において25〜35年ごとにCFR手段を実施することにより計画高水流量の流下能力を維持でき，自然氾濫原に類似した生態系を再生できることがシミュレーションにより示された。25〜35年という時間は，過去のワール川の自然氾濫原における「若返り」間隔の推定値と類似していた。ただし，単純化された条件

でシミュレーションを実施しているため，箇所によっては計算結果と現状との間に齟齬がみられる場合もあった。今後も水理学的，生態学的研究を行って計算条件を見直し，シミュレーションの精度向上を図る必要性が指摘されている。

(4) 国内河川管理への示唆

本事例は定期的に氾濫原の土砂・植生除去等を行うことにより，洪水流下能力の維持と氾濫原生態系の保全・再生が長期的に可能になることを示している。シミュレーションの結果ではあるものの，3章表3.3の「河道掘削」にあたるだろう。

植生除去と高水敷掘削は治水対策や礫河原再生で最もよく用いられる手段である。治水が主目的である場合には，当面の効果を求めて行われることが多い。本事例では，シミュレーションを導入することにより，長期的な治水的・生態的効果を示している点が興味深い。前述のドナウ川と同じく大陸大河川の事例であるが，洪水対策への要求が強いなかで氾濫原植生の再生と長期的な維持を検討し，治水と生態系保全の「ジレンマ」を解消しうる未来予想図を描いた点は国内河川管理の参考になるだろう。

4.1.4　流況操作：オールドマン川の事例[6]

(1) 事業の背景

オールドマン川（Oldman River）はカナディアンロッキーに源を持ちカナダ・アルバータ州南部を流れる幹線流路延長363 kmの河川である。河畔域に成立するハコヤナギ林はカナダ最大級といわれている。

かんがい目的の取水が1920年代より開始され，1980年代には河川水の90％が利用されるに至った。平均流量は本来100 m^3/秒弱であったが，取水量が多い夏期には1 m^3/秒にまで減少した。このような人為的低水は氾濫原のハコヤナギ類に乾燥ストレスを与え，更新を困難にした。

1993年のOldman River Damの建設を受け，オールドマン川では主にハコヤナギ林の復元を目的とした自然再生事業が実施されている。

(2) 事業内容

ダム建設計画中の議論を反映し，まず，河道内の必要流量の分析が行われ，ダム下流の最小流量が建設前の 15 倍に改善された。しかし，本事例が注目を集めたのはこの流量設定ではなく，洪水発生時に新たな流量操作法を導入したことによる。

北米西部の河畔域に広く生育するハコヤナギ類やヤナギ類は，融雪出水時に合わせて種子を散布する。種子は下流の砂礫堆上に漂着，発芽し，以降の漸進的な水位低下（地下水位低下と連動する）に合わせて根を伸長させ，実生から稚樹へと成長する。本事例では，ダム下流で失われがちな「漸進的な水位低下」を復元し，河畔林を維持・再生するために考案された，「新規加入ボックスモデル」（Recruitment Box Model）が導入された。

例えば，当該地域のハコヤナギ類は，6 月中旬の融雪出水ピーク時から 7 月までの期間に種子を散布する（図 4.5）。その後の出水による流出を回避するため，漂着位置は平水位より 50～150 cm 高い必要がある。よって，時間を横軸，水位を縦軸にしたグラフ上では，種子散布期間を横幅，適正水位を高さとする長方形（ボックス）を水位低下曲線が通過する必要がある（図

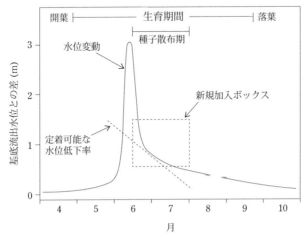

図 4.5 新規加入ボックスモデルの概要。オールドマン川におけるハコヤナギ類の例
(Rood et al. (2005)[5] の Figure 2 に基づき筆者作図)

4.5では，平均減少率：約 2.5 cm/日）。その後も初秋にかけて漸進的な水位低下を再現することにより，実生の根の伸長と成長を促進することができる。オールドマン川では，ハコヤナギ類に加えてヤナギ類についても同様に新規加入ボックスモデルの考え方を導入し，ダム放水量の人為的操作により各樹種の定着を目指した。

（3）事業の効果

1994 年に行われた最初の流況操作により，ダム下流区間の広範囲にハコヤナギ類の実生が定着し，流量操作法の有効性が確認された。1995 年に発生した 100 年に 1 度の大洪水では，さらに多くのハコヤナギ類およびヤナギ類の実生定着が確認された。また，実生の定着状況の調査を通して，最適な水位低下の変化率が種ごとに検討されており[7]，以降の流況操作の参考になる情報が得られている。

（4）国内河川管理への示唆

本事例は，流況操作により氾濫原植生を復元している点で，3 章 **表3.3** の「流況改変」の好例である。既発表の資料からは河川地形への影響等，物理的なプロセスに関する情報は得られないが，氾濫原の全体的プロセスの復元を目指した一例とみなすことができるだろう。

本稿では，新規に建設された Oldman River Dam についてのみ紹介したが，実際には隣接する 2 支流の既存ダムでも同時に同様の流量操作を試みており，類似の成果が得られている[7]。新規ダム建設というチャンスを生かして氾濫原再生の機運を高め，広範囲で事業を実現している点が参考になる。

本事例では，さらに，豊水年が流況操作実施のチャンスであることを強調している[6]。河川流量の少ない渇水年や平水年と比べて，豊水年は環境に配慮した流量操作に転用しうる水資源の余剰が生じる。ただし，流量の年次変動は予想が難しいため，豊水年というチャンスを生かすためには，各年の流況に即応してダム放水量を決定できるような管理システムをあらかじめ構築しておくことが求められるだろう。

4.1.5 まとめ

　本項では4件の国外事例を紹介した。当然ではあるが，いずれも氾濫原再生を単独の目的にはしておらず，治水と利水への配慮がみられる。事業実施には，管理者である行政団体に加え，各分野（水文学，水理学，地形学，河川工学，基礎・応用生態学，社会学など）の専門家，自然保護団体，地元住民（周辺農地所有者，レクリエーション利用者など）が関わっている。氾濫原環境の劣化は，河川周辺に人間の生命と財産が集中する扇状地や自然堤防帯で顕在化する。山地河川などと比較して，河道内氾濫原の再生には，より多様な主体の参加と複雑・緻密な合意形成が必要になることを表している。

　氾濫を引き起こす流量変動は予測性の低い現象である。融雪出水の発生時期は高い精度で予測できても，台風の襲来数は年によるばらつきが大きい。河川工学においては確率年の概念が用いられ，河川生態学ではごくまれにしか発生しない大規模出水が生物分布に強く影響することが示されている。本項で紹介した事例でも，コスムネス川の accidental forest や，ワール川で行われた50年間のシミュレーション，オールドマン川で発生した100年に1度の洪水による実生の定着など，対象となる時間的スケールが大きい。このため，氾濫原生態系の保全・再生には，気候，水文，生物等に関する基礎データの蓄積，これらを活用したシミュレーションによる予測評価など手法的な工夫，さらには，長期的な視点に基づく事業計画の策定が求められるのではないだろうか。

　現在，氾濫原生態系の保全・再生に関する事例情報は世界的にも不足している。洪水流下能力の回復など物理的プロセスについては情報を比較的得やすいが，事業実施に対する生物の反応等，生態学的な情報は少ない。本項で紹介した事例も，事業実施が比較的容易で，かつ高い効果が期待できる保護区などの場所で，ある程度の成果が得られた，いわば有名河川の成功事例である。ありふれた河川の例や，失敗事例は見当たらない。しかも，シミュレーション研究以外の3事例は，おそらく，何らかの未公開の（すなわち参照困難な）一次情報に基づき執筆された二次的な文献（事例紹介論文，総説・報告書の一部）として公表されている。詳細な一次情報が掲載された事例報告

は，それらが失敗例であれマイナーな河川の例であれ，他事業の実施計画策定に少なからず資するはずだ。前述のように，河道内氾濫原における各プロセスは，予測性の低い流量変動や生態学的現象と関わっており，事業の予測，評価は困難で，失敗例も少なくないだろう。よって，河道内氾濫原の保全・再生手法の発展には，事業の実施箇所，規模の大小，成功の度合いに関わらず，事業関係者が積極的に成果の詳細を公表し，蓄積された情報を共有，活用する姿勢が強く求められる。

4.2 日本国内における事例

4.2.1 扇状地区間編：札内川の事例

(1) 背　景

　札内川は十勝川水系の一級河川である。河川名の「サツ・ナイ」とはアイヌ語で「乾いた川」を意味し，冬期と夏期の渇水期には，河川水が扇状地面で伏流して一部水なし川となる"瀬切れ"が発生し，扇状地の末端で復帰する。流域面積は725 km^2，札内岳（1 896 m）に源を発し，十勝平野を流れる延長82 kmの河川である（図 4.6）。流域の地質は，日高累層群よりなる「堆積岩類分布域」と，主に花崗岩，はんれい岩，片麻岩，ホルンフェルス，かんらん岩よりなる「深成岩類・変成岩類分布域」および下流側の台地や扇状地を構成する未固結の「第四紀層」から構成される。河床勾配は，1/100 〜 1/250 と急流であり，河道幅（堤防と堤防の間）は400 〜 500 mと広い。

　札内川ダムに最も近い上札内観測所における1981（昭和56）年から2010（平成22）年の年平均気温は 5.3 度，年平均降水量は 1 254.7 mm である（http://weather.time-j.net/Stations/JP/kamisatsunai；2018/10/25 確認）。札内川は，帯広市をはじめとする十勝川流域の水道の半分近くをまかなっており，国土交通省が行っている一級河川の水質調査において，1991（平成3）年〜2005（平成17）年までに8回，全国1位に選ばれている日本有数の清流河川である。

　流域の土地利用は，山林が約60 %，農地が約30 %，河川地・湖沼が約4 %，宅地等の市街地が約2 %となっている。流域内には中札内村，帯広市，

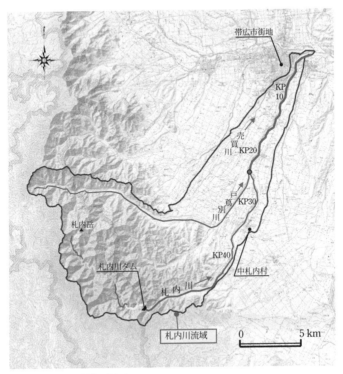

図 4.6　札内川流域の概要

幕別町が位置し，産業は小麦や馬鈴薯等の畑作，乳製品加工業のほか，酪農や畜産が盛んである。

　札内川流域は，洪水災害の防止を図るため，1948（昭和23）年に帯広市街地周辺から本格的な堤防整備に着手し，1960年代には連続した堤防がほぼ完成した。急流河川である札内川は，土砂移動が激しく，網状流路の形態を呈しているため，1940年代から河道安定化のための水制工を設置してきた。1985（昭和60）年には，治水安全度の向上，高まる水需要に対応した水資源の開発を図るため，札内川ダムの建設に着手した。

　札内川ダムは，札内川上流北緯42度35分，東経142度56分（ダム堤体部），標高374 m（ダム堤体基盤高）に位置し，洪水調節，渇水時の流況安定，かんがい用水，水道用水の確保および発電を目的として計画された多目的ダム

である。1982（昭和57）年から転流工事，1996（平成8）年に試験湛水，1998（平成10）年に通常のダム運用が開始された。貯水池の流域面積は117.7 km^2，総貯水容量5 400万 m^3，計画最大放流量は150 m^3/秒である。札内川ダムの洪水調節は，ダム地点の計画高水流量700 m^3/秒に対してピーク流入時に120 m^3/秒の放流を行い，最大580 m^3/秒の洪水調節を行う計画となっている。放流設備は，常用洪水吐き（オリフィス上段・下段），非常用洪水吐き（クレスト自由越流部），発電放流設備，利水放流設備が設置されている。

　札内川の河畔に出現する樹種は主にエゾノキヌヤナギ（*Salix pet-susu*），オノエヤナギ（*Salix sachalinensis*），エゾヤナギ（*Salix rorida*），ネコヤナギ（*Salix gracilistyla*），オオバヤナギ（*Toisusu Urbaniana*），ドロノキ（*Populus maximowiczii*），およびケショウヤナギ（*Salix arbutifolia*）である。なかでもケショウヤナギは，最終氷期の遺存種と言われ，わが国では北海道東部と長野県上高地に隔離分布し，網状流路河川の礫質立地に優占することが知られている[13]。IUCN（国際自然保護連合）のレッドリスト危急種に指定されており，札内川のケショウヤナギ自生地の一部が北海道指定の天然記念物となっている。鳥類では，礫河原で営巣するイカルチドリ（*Charadrius placidus*）やコチドリ（*Charadrius dubius*），森林性のアオジ（*Emberiza spodocephala*），センダイムシクイ（*Phylloscopus coronatus*），クマゲラ（*Dryocopus martius*）のほか，ハイタカ（*Accipiter nisus*）やオジロワシ（*Haliaeetus albicilla*）等の猛禽類も確認されている。

（2）氾濫原における環境の変化

　現在，札内川が抱える最も大きな問題は，河道の樹林化に伴う礫河原の急激な減少である（図4.7）。樹林化は，洪水疎通の妨げになるばかりか，礫河原で生きる生物たちの繁殖地や生息地を奪う。例えば，ケショウヤナギに代表されるヤナギ科植物の多くは，礫河原に種子を散布し発芽する。母樹の下では発芽できないのである[10]。また，渡り鳥であるイカルチドリ，コチドリ，イソシギ（*Actitis hypoleucos*）などは，礫河原で営巣する[15]。そのほかにも，カワラハハコ（*Anaphalis margaritacea*），エゾカワラナデシコ

1963年

2010年

図 4.7　札内川氾濫原の樹林化

(*Dianthus superbus* L. var. *superbus*)，カワラバッタ（*Eusphingonotus japonicus*）など，種名に「カワラ」がつく動植物が札内川の礫河原に依存している。

　樹林化は，流路の固定化や流量の減少といった複合的な要因によるが，大きくは二つの原因が考えられている。一つは，水制工の設置による流路の固定化である。札内川流域の土砂生産量は活発で，源頭部には周氷河性の堆積物が厚く残存しており，その二次移動堆積物も含めて降雨時に流出する。その結果，かつての札内川の河道は，砂礫が厚く河道を埋め，その氾濫原を複数の澪筋が網目状に乱れて流れる網状流路（braided channel）の様相を呈していた（図 4.7，1963 年の流路）。蛇行する網状流路が堤防に近づいた場合，河岸侵食による堤防の決壊が想定され，北海道開発局では 1945（昭和 20）年ごろから水制工を設置してきた。水制工によって安定した立地には樹木が侵入し，堤防周辺の樹林化を促進したと考えられる（図 4.8）。

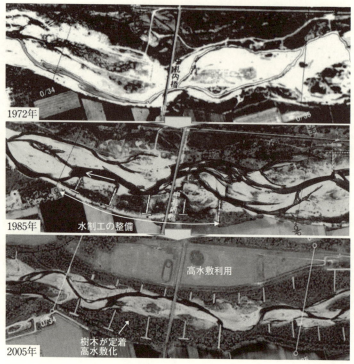

図 4.8　水制工設置に伴う樹林化

　もう一つの原因は，札内川ダムによる流量調節である。札内川ダムの計画最大放流量は 150 m^3/秒であり，ダムの運用以前におよそ2年に1度の確率で発生していた 200 m^3/秒規模の出水は，運用後は発生しない計画である[12]。流量の減少は，札内川ダム直下流から戸蔦別川合流地点までが顕著で（**図4.9**），ほぼ同程度の流域面積をもつ戸蔦別川が合流した後は，ダムによる流量調節の影響は減少する[14]。その結果，これまで頻繁に洪水撹乱を受けていた礫河原に樹木が侵入・定着してきており，合流地点上流区間で旺盛に成長，繁茂している。

　このほかにも札内川ダムによる流砂量の減少が影響しているとの考えも否定できないが，ダム湖に流入する流砂量，ダム下流の流域から生産される流砂量，およびその粒径組成等が不明な現在，河床低下の兆候等を注意深く監

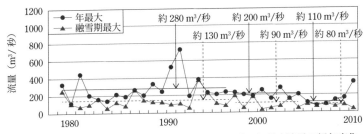

図 4.9　上流区間（KP25 〜 48：図 4.6 参照）における年最大流量の経年変化

視する必要がある。

(3) 事業概要
【目的】

　札内川における氾濫原の樹林化，礫河原の減少は，生活史の一部を砂礫環境に依存する生物たちの消失を意味するばかりか，昔からこの地域で行われてきた河原で食事を楽しむ文化（「川狩り」と呼ばれる）を衰退させる。また，一方で繁茂し拡大した河畔林は，エゾシカ（*Cervus nippon yesoensis*）やヒグマ（*Ursus arctos*）などの野生動物の移動路（コリドー）として利用されはじめており，エゾシカやキタキツネ（*Vulpes vulpes schrencki*）による農業被害はすでに発生し，今後，ヒグマと住民との遭遇など，さまざまな軋轢を生むと考えられる（**写真 4.1**）。さらに，ゴミの不法投棄は，河畔林が繁茂している場所で頻発しており，地域が抱える大きな問題となっている。

　以上の理由から北海道開発局では，2011（平成 23）年より札内川技術検討会（委員長：中村太士）を設置し，礫河原再生に向けた検討を開始した。札内川技術検討会での基本的な考え方は，可能な限り，自然の生態系プロセスに近づけ，礫河原を再生することにあった。他の河川と同様に，河畔林の伐採，高水敷の切り下げ等の案も議論されたが，対処療法的な再生手法では，原因が解決されない限り再び樹林化することは明らかであり，これらの手法の適用は最小限にとどめることにした。

　一方で，札内川ダムの計画最大放流量 150 m³/秒を超えて放流することは構造上不可能であり，特に戸蔦別川合流点より上流域においては概ねこの流

● 第4章 ● 保全と再生の実践

写真 4.1 河畔林を移動する野生動物たち（高田まゆら氏撮影）

量の中で対応するしかない。技術検討委員会で合意された案は，
① かつて札内川に広がった礫河原の再生ではなく，この流量に見合った礫河原の再生を目標とする
② この地域を特徴づけ，保全対象として重要なケショウヤナギの種子散布時期に合わせて，フラッシュ放流（人工洪水）を実施する

ことであった。保全対象生物の生物季節（phenology）に合わせてフラッシュ放流を実施した例は，筆者の知る限り日本では初めてであり，海外でも稀である。

【ケショウヤナギの種子散布時期に合わせたフラッシュ放流】
ケショウヤナギを含むヤナギ科植物の種子散布時期は，種ならびに属によって微妙に異なるが，全体としては5〜9月である。これは冷温帯積雪地域では必ず融雪洪水が春先に発生するためで，その洪水減水期に時期を合わ

せて種子を散布しているのである。つまり，融雪洪水という予測可能な撹乱に対しては，散布時期を同調させることによって，新たに形成された砂礫地に侵入・定着できる可能性を最大化していると考えられる。

ヤナギ科植物の種子は1 000粒で100～600 mgときわめて軽く，毎年大量に生産され，風によって容易に運ばれる。発芽定着できる条件は，河川が運搬してきた砂礫で構成される裸地（鉱質土壌）であり，定着には光や水分が良好な立地を必要とする。林床植生下のリター上などでは発芽定着できない。最も早く種子を散布する種はエゾヤナギで，5月中旬から種子散布を開始するのに対し，遅い種はタチヤナギ（*Salix subfragilis*）やケショウヤナギで6月から7月上旬まで散布する。属による散布時期の差は比較的はっきりしており，ドロノキはヤナギ属にくらべて遅く，6月下旬から7月中旬，オオバヤナギはさらに遅く，8月から9月である（図4.10）。

多くのヤナギ属は，5月から6月にかけての融雪出水の減水期に種子を散布しており，出水によって形成された裸地にいち早く侵入することができるが，その反面，図4.10にみられるような小規模な出水ピークによって冠水や流出の被害を受けやすい。一方，ケショウヤナギやドロノキ，オオバヤナギなどの散布時期の遅い種は，水位がほぼ低水位に収まった6月下旬以降に

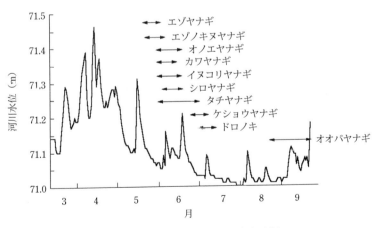

図4.10　北海道石狩川におけるヤナギ科植物の種子散布時期
（Niiyama（1990）[11]，長坂（1996）[9]より作成）

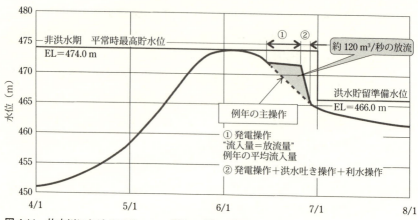

図 4.11 札内川におけるフラッシュ放流の時期と方法

侵入することから，他のヤナギ属にすでに侵入されている不利な立地か，もしくは流水近くの裸地，融雪後期にまれに発生する大規模出水によってつくられる撹乱裸地などに侵入する。実際，北海道の河畔林において，流水近くに成立する種は，この 3 種とケヤマハンノキ (*Alnus hirsuta*) である。

札内川ダムでは，冬と春の非洪水期（11 月 1 日〜6 月 30 日）から，夏と秋の洪水期（7 月 1 日〜10 月 31 日）に向けて，非洪水期の平常時最高水位 EL 474.0 m から洪水貯留準備水位 EL 466.0 m まで，ダムの貯水位を低下させる操作を行っている。このダム操作時期を利用して 6 月下旬まで，非洪水期の平常時最高貯水位近くまで水位を保持し，ケショウヤナギの種子散布時期（6 月下旬から 7 月上旬）に合わせて一気に放流することで，最大放流量 120 m³/秒に匹敵するフラッシュ放流を実現し，礫河原の再生を図ることにした（図 4.11）。フラッシュ放流は，これまで 2012（平成 24）年からほぼ毎年，洪水による被害が発生した翌年の 2017（平成 29）年を除いて実施されている。

【洪水撹乱想定範囲の設定】

現在の流況（flow regime）に合った礫河原再生を実現するためには，洪水時にどの程度の範囲で撹乱を受けるかを推定しなければならない。これま

での撹乱範囲とiRIC（http://i-ric.org/ja/；2014/04/27確認）による河床変動計算，2次元不等流計算および現地調査の結果から，いわゆる扇状地礫床河川で礫が動くための無次元掃流力 $\tau_*>0.05$ の力が加われば河床変動が発生することが明らかになった。

一方で，札内川ではこれより大きな流量規模の洪水が発生する。2011（平成23）年9月1日台風12号と熱帯低気圧周辺の暖湿気が北日本へ流入し，道内各地に記録的な大雨を降らせた。札内川でも同様で，ぬかびら源泉郷雨量観測所における9月1日から9月7日にかけての総雨量は，432.5 mmに達した。この豪雨時で発生した札内川洪水の確率規模は，約20年に1回程度であり，フラッシュ放流による撹乱想定範囲を超えて河床撹乱が発生した。

技術検討会での議論の結果，札内川の礫河原の再生ならびにケショウヤナギの更新を可能にする撹乱想定範囲は，ダムによる流量調節はあっても，20年に1度発生する大規模洪水時に旧川（かつての流路跡）および主流路において $\tau_*>0.05$ となる区域を包絡した範囲とした。フラッシュ放流は旧川を維持し，融雪洪水による撹乱とケショウヤナギ稚樹の定着を保証する仕組みとして位置づけることにした。

【シフティング・モザイク】

シフティング・モザイク（shifting mosaic）という言葉を最初に使ったのはBormann and Likens（1979）[8]である。森林生態系において，大小さまざまな風倒や火事等の撹乱が起きて，発達段階の異なる林分パッチが，時間とともに，たえず場所を変えながら変化していく様子を示している。大きな景観をとれば，場所は変わっても林分の構成はあまり変化しない，撹乱に対する森林の動的平衡状態があると考えられている。この考え方を河畔林の動態に応用したNakamura et al.（2007）[10]は，ケショウヤナギやオオバヤナギの稚樹は，新しくできた砂礫地に密生するのに対して，種子をつける母樹はそれよりも高く，洪水撹乱を受けない場所に生育していることを明らかにし，これらの先駆性樹種が生活史を全うするためには，流路が網目状に変動し，洪水による林分の破壊と再生が，場所を変えて常に発生し続けることが重要であると述べている。

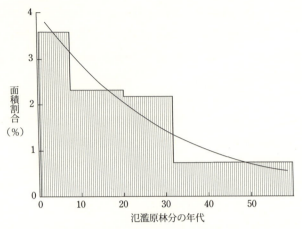

図4.12 歴舟川における氾濫原林分の年代分布
（健全なケショウヤナギ林が残っている河川の例）

　こうした林分の破壊と再生によって形成される動的平衡状態は，河畔林のシフティング・モザイク構造として現れ，構成する林分面積の年代分布（age distribution）は指数関数的な減少カーブを描く（Nakamura and Shin (2001)）（図4.12）。この考え方に基づき，「洪水攪乱想定範囲の設定」で説明した洪水攪乱想定範囲内で，ケショウヤナギを中心とした林分がシフティング・モザイク構造を形成し，さらにその年代分布が指数関数的な減少傾向をもつかどうか，検証することにした。

【モニタリングの概要】
　札内川自然再生事業におけるモニタリング内容は，フラッシュ放流前後の短期的な調査，ならびに礫河原の変動やケショウヤナギをはじめとした先駆性林分の組成と構造に関する中長期的調査に分けることができる（**表4.1**）。
　フラッシュ放流が実施される6月末は，イカルチドリやコチドリなどの砂礫性鳥類の営巣・繁殖時期に重なる。そのため，フラッシュ放流の影響を確認するため，放流前後のチドリ類の生息状況の把握を目的に，札内川全域を3kmごとに区切り，16区間にわたって，営巣地ならびに生息確認を実施した。

4.2 日本国内における事例

【地域社会との協働】

　北海道開発局帯広開発建設部では，札内川における地域連携のプラットフォームとして2012（平成24）年2月に札内川懇談会を設立した。懇談会は公開で行われ，誰でも参加することが可能で，札内川の自然環境，水辺利活用，地域活性をテーマにワーキンググループを設けて話し合っている。

　懇談会では，生物にとって良い川の環境や，河畔林の扱い，礫河原の再生などについて議論がなされ，現地でも氾濫原樹林化の状況，伏流の様子，ケショウヤナギの生育状況，水生生物の採集と観察，札内川ダムの見学などが実施されている。懇談会で出た主な意見は技術検討会でも紹介され，また技術検討会で議論されている礫河原再生の考え方については懇談会でも説明され，さらに技術検討会の一委員が懇談会の委員も兼ねるなど，地域の要望と齟齬がないように協働の体制を作っている。

(4) 事業評価

【フラッシュ放流後の稚樹の定着】

　フラッシュ放流後，多くのケショウヤナギ実生の定着が確認されており（0～245個体/m^2）（2013年8月調査結果），種子散布時期に合わせた放流による砂礫地の形成は，ケショウヤナギの更新立地を提供していると考えられた。

【フラッシュ放流ならびに2011年洪水による撹乱】

　図4.13に，上記フラッシュ放流のピーク流量時，ならびに20年に1度の確率で発生する洪水ピーク流量時に主流路および旧川において$\tau_* > 0.05$となる区域を包絡した範囲（目指す礫河原幅）を示す（カラー図は**口絵**を参照）。河道中央部に分布する砂礫地と25年生までの林分が，ほぼ1/20確率洪水の撹乱想定範囲内に分布していることがわかる。堤外地内に存在する林分面積の年代分布を作成すると**図4.14(A)**のようになった。フラッシュ放流と20年確率規模の洪水が発生した結果，撹乱想定範囲内の林分年代分布（25年生まで）は砂礫地が最も大きな面積を占め，林分樹齢が古くなるにしたがって減少する指数関数的な減少傾向を示し，撹乱を受ける範囲において動的平

● 第4章 ● 保全と再生の実践

表 4.1 モニタリング調査内容の概要

	調査項目	各調査の目的	方法	実施位置	調査年
短期的調査（フラッシュ放流前後）	1. 河道形状の変化	・侵食、堆積、樹木群の流出等による形状変化の把握（礫河原再生の効果）	・試験区を含めた上下流の現地踏査 ・定点写真撮影による河道形状変化の記録 ・航空写真撮影による放流前後の河道形状変化の把握	・KP15〜48 ・試験施工区	2012〜2014年
	2. 植生の変化（ヤナギ類の実生）	・ヤナギ類流出状況の把握（エゾノキヌヤナギやオノエヤナギ等） ・更新された礫河原への定着状況の把握	・実生定着数のカウント	H24試験施工区（継続）	2012〜2014年
	3. 河床付着物の変化	・付着藻類の剥離更新効果 ・藻類生育環境の変化の把握（付着藻類の種類）	・河床付着物の採取、分析	・札内橋 ・南帯橋 ・第二大川橋 ・大正橋 ・中島新橋 ・上札内橋	2013〜2014年
	4. 生物への影響把握	・礫河原で営巣する鳥類への影響把握（シギ、チドリ類） ・地上歩行性昆虫類への影響把握（オサムシ類等）	・現地踏査、営巣状況、生息状況の確認 ・放流時の冠水状況に応じて生息する昆虫類の把握	・全体現地調査後、モニタリング地点を選定（営巣地）	2013年
中長期的調査	1. 礫河原や樹木面積の変化（礫河原、水域、樹木）	・再生した礫河原の維持、樹林化防止の効果把握	・河川水辺の国勢調査による把握（群落組成調査） ・航空写真判読	・KP41〜43（モデル区間） ・南帯橋 ・上札内橋 ・KP15〜48	2014年（5年間隔程度）
	2. 植生、植物相の変化（ケショウヤナギ群落）	・ケショウヤナギ群落の面積変化 ・樹齢のバランス変化の把握	・河川水辺の国勢調査による把握（群落組成調査）	・全区間	2014年（5年間隔程度）

140

項目	内容	方法	場所	時期
3. 生物の生息状況の変化	これまでの環境情報を継続的に把握（魚類、底生動物）	・樹高、樹齢調査 ・航空写真判読	・KP25〜48	2014年
		・種子のトラップ調査（種子散布範囲の把握）	・全区間1kmごと	2013年
		・河川水辺の国勢調査による把握	・河川水辺の国勢調査地点（中札内橋）	2012年（5年間隔程度）
	これまでの環境情報を継続的に把握（鳥類）		・河川水辺の国勢調査地点（堤防上1kmごと）	2013年（5年間隔程度）
	これまでの環境情報を継続的に把握（陸上昆虫類）		・河川水辺の国勢調査地点（上札内橋地点）	2013年（10年間隔程度）
4. 河川利用状況の変化	取り組み（礫河原再生、地域連携による川づくり）による河川利用状況の変化の把握	・河川水辺の国勢調査による把握（空間利用実態調査）	・河川水辺の国勢調査地点	2014年
5. ゴミ不法投棄の実態把握	取り組み（礫河原再生、地域連携による川づくり）による不法投棄量の変化の実態把握	・実績の塵芥処理量を整理	・全区間	毎年整理
6. 流下能力の把握	取り組み（礫河原再生）後の樹木生育状況を基に流下能力把握	・水理計算	・全区間	適宜

図 4.13 氾濫原林分の年代分布（2012 年現在）とフラッシュ放流ならびに 1/20 洪水による撹乱想定範囲（カラー図は口絵を参照）

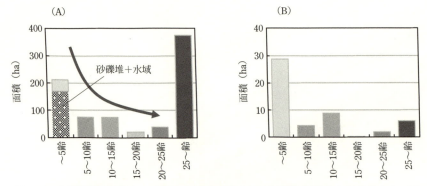

図 4.14 上流区間（KP25～48）における（A）2012 年氾濫原林分の年代分布と（B）2011 年洪水によって撹乱を受けた林分の年代分布

衡状態がおおむね達成できることが明らかになった。ケショウヤナギは，15年生程度で種子をつける。このため，20～25 年生程度の林分を含むかたちでシフティング・モザイクが形成されれば，一応生活史を全うできると考えられる。

さらに，2011（平成 23）年に発生した洪水によって，旧川に洪水流が流れ込み，周辺樹木を流亡させたことが明らかになった。この洪水で侵食を受けた年代別の林分面積は**図 4.14**(B) のようになり，若い林分がより広範囲

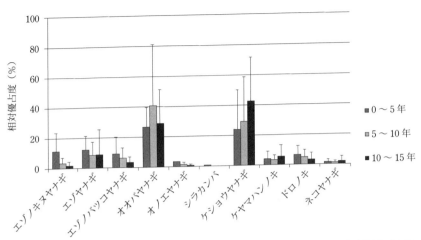

図 4.15　三つの年代における胸高断面積合計から求めた先駆性樹種ごとの相対優占度（%）

で侵食され，流出林分の約 90％ が 25 年生以下であった。こうした侵食面積の配分からも動的な平衡状態が維持されていることが推測できる。

　2013（平成 25）年に図 4.13 に示した〜5 年，5〜10 年，10〜15 年までの林分において，それぞれ 5 つの方形区を設定し，種構成を調査した（図 4.15）。先駆性樹種の相対優占度は，どの年代もオオバヤナギとケショウヤナギが高く，そのほかの樹種の優占度は低くなっていた。したがって，ケショウヤナギやオオバヤナギなど，礫河原で特徴的にみられる先駆性樹種は，今のところうまく更新していると考えられる。

　以上の結果から，20 年に 1 度程度で発生する大規模洪水時の撹乱想定範囲を，礫河原ならびにケショウヤナギ林の更新動態を維持する氾濫原管理区域とし，ケショウヤナギの実生定着のために，融雪洪水を模做したフラッシュ放流を実施することは，現状では妥当な再生方針であり，今後はモニタリングを実施しながら，礫河原の形成と河畔林の更新動態を検証する予定である。

【チドリ類への影響】

　2013（平成 25）年 5 月〜6 月前半に行った営巣地確認調査では 10 区 19

か所において抱卵行動やヒナを確認している。この19か所についてフラッシュ放流前にチドリ類の生息確認調査を実施したところ，ヒナは確認できておらず，また抱卵していた9巣はすべてが空巣だった（巣立ったのか抱卵の失敗かは確認できず）と報告されている。この際，あらたに抱卵中のイカルチドリの巣を1か所発見している。

その後，抱卵行動により位置が特定できた巣を対象に生息確認調査を行ったところ，あらたに発見した1巣では放流中も抱卵行動を継続しており，位置の特定できた残りの巣は水没していなかったことが目視や痕跡水位から確認されている。つまり，5月～6月前半に確認した多くの個体は，放流前に確認できなくなっていた。しかし，抱卵行動により巣の位置が特定できた営巣箇所は，フラッシュ放流によって水位が上昇しても水没しない高い場所にあったことが明らかになった。

(5) 課　題

これまで得られたモニタリング結果，ならびに水理学的解析から，現在の流況見合いの氾濫原管理区域を提唱することは妥当であると考えられる。一方で，技術検討会の議論を通じて以下のような課題も見つかっている。

一つ目は，流砂量の問題である。札内川によって上流からの流砂は止められており，ダム下流へは，両岸に分布する段丘堆積物，谷壁斜面ならびに支流からの砂礫供給に限られる。こうした流砂の不連続性が及ぼす影響については，その粒径組成も含めてわかっておらず，今後の課題である。現在のところ，河床低下等の兆候は認められていないが，河床縦横断形の経年変化を注視する必要がある。

二つ目は，旧川の維持である。1/20程度の洪水によって旧川周辺の撹乱が起こったことは事実であるが，放置しておくと堆積土砂によって閉塞する可能性もある。現在，旧川上流部の土砂を除いてフラッシュ放流した場合の効果について，現地試験ならびにiRICによる再現計算を実施中であり，今後の検証が待たれる。

三つ目は，林分の構造と組成，さらに母樹個体の確認である。これまでの研究成果から20年生のケショウヤナギはすでに繁殖能力を備えていること

は明らかであり，氾濫原管理区域外の高木林にはケショウヤナギの大径木も多く含まれていることから，当分の間は十分な種子が供給されると思われる。今後は氾濫原管理区域内における実生の定着と若齢林分の種組成をモニタリングし，予想した更新動態が維持できているかどうか注意深く観察していく必要がある。

　四つ目は，氾濫原管理区域外の高木林の管理である。幸い札内川では，現在のところ，こうした高木林の生育が治水上の問題とはなっていないが，ヒグマやエゾシカなどの野生動物の移動路として機能するなど，地域住民との遭遇，農作物被害が心配される。地域の合意を得ながらどのような管理方針を立てるかが課題である。

4.2.2　自然堤防帯区間編：木曽川・揖斐川の事例

(1) 背　　景

　木曽川水系は，木曽川，長良川，揖斐川を幹川とし，濃尾平野を貫流して，伊勢湾に注ぐ，流域面積 $9\,100\,km^2$ の水系である（図 4.16）。これら 3 河川は，地域では木曽三川と呼ばれており，いずれも一級河川に指定されている。木曽川，長良川，揖斐川の流域面積は，それぞれ $5\,275\,km^2$，$1\,985\,km^2$，$1\,840\,km^2$，幹川流路延長は $229\,km$，$166\,km$，$121\,km$ であり，木曽川の規模が最も大きい。木曽川の上流部には，御嶽山（標高 $3\,067\,m$）をはじめ，標高 $2\,000\sim3\,000\,m$ の日本アルプスの山々がそびえる。日本アルプスの侵食速度は，世界最速クラスの年間数 mm に達し，多量の土砂を河川に供給している。木曽川流域の地質は，俯瞰的に見れば，上流域は濃飛流紋岩を主体とした火山岩と花崗岩類，中流域は砂岩，泥岩，チャートを主体とした中古生層の堆積岩類（美濃帯）からなる。長良川と揖斐川は標高 $1\,600\sim1\,700\,m$ 前後の山々に端を発し，地質は，長良川の上流域で安山岩や流紋岩を主体とした火山岩，中流域で木曽川と同様の堆積岩類から構成されており，揖斐川では山間部全体が堆積岩類から構成され，花崗岩類がところどころに分布する。

　濃尾平野の面積は約 $1\,300\,km^2$ あり，木曽三川が発達させた扇状地，自然堤防帯，三角州からなる典型的な沖積平野の地形配列を持つ。濃尾平野では

図 4.16　木曽川水系と木曽三川流域

　西側ほど沈降する濃尾傾動地塊運動が生じており，そのため木曽三川の流路は平野部西側に寄っている（**図 4.16**）。河川に沿って見ると，おおよそ河口から 20 km ほどまでが三角州，そこから上流に 20 km 以上にわたって自然堤防帯が続き，残り 10 km ほどが扇状地に相当する。三角州を中心として，日本で最大規模の海抜ゼロメートル地帯が存在する。これには，高度経済成長期における地下水の過剰汲み上げによる地盤沈下も影響している。平野部における木曽川と長良川の河床勾配は，概ね 1/500 〜 1/5 000，揖斐川は 1/300 〜 1/7 000 である。

　木曽川水系流域では，平均年間降水量は約 2 500 mm，最上流域の山間部では 3 000 mm を超える。平均平水流量は，木曽川で 154 m^3/ 秒（笠松観測所 40.0 kp，2002 〜 2013 年），長良川で 70 m^3/ 秒（忠節観測所 50.1 kp，2002 〜 2013 年），揖斐川で 46 m^3/ 秒（万石観測所 40.4 kp，2005 〜 2013 年）

であり，同観測所における同期間内の年最大流量は，木曽川で2 532〜11 054 m³/秒，長良川で1 409〜7 667 m³/秒，揖斐川で385〜2 491 m³/秒であった．

木曽川水系流域では，豊かな山林と豊富な水量を背景に，古くからかんがい用水が整備され，河川を運搬経路とした伐木運材，河川舟運等も発達し，地域の文化と経済が発展した．平野部では，江戸初期の1609年，木曽川左岸の犬山市から弥富市にかけて，全長48 kmの連続堤（御囲堤）が建設され（図4.17），この地域の水害が軽減される一方，扇状地に発するいくつもの派川が締め切られ，水不足に悩むようになり，用水整備が進行した．長良川と揖斐川の沿川域を含む木曽川以西（右岸）の地域では，元来，入り乱れて流れる三川の間に形成された中州状の土地を農地や居住地とし，周囲を取り囲むように輪中堤を築いた（図4.17）．1755（宝暦5）年には，三川を連絡する派川を締め切る，世にいう「宝暦治水」が行なわれ，三川分流のさきがけとなった（図4.17）．明治に入り，ヨハネス・デ・レーケを迎え，三川を完全に分流する改修計画（明治改修）を策定し，25年間の工事期間を経た1912（明治45）年，ついに木曽三川の分流に成功した（図4.17）．

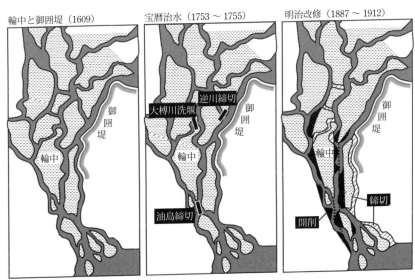

図4.17 濃尾平野における木曽三川の変遷

1924（大正13）年には，わが国初のダム式発電所である大井ダムが木曽川に建設された。これを皮切りに，利水と治水を目的としたダムが木曽川を中心に数多く建設され，中京圏の発展を支えてきた。一方で，長良川本川にダムは建設されておらず，ダムを持たない川として希有の存在となっている。

上流域は，ミズナラ（*Quercus crispula*）などの落葉広葉樹林，特に木曽川上流ではヒノキ（*Chamaecyparis obtusa*）の人工林も多く，これらを合わせた林地は，流域の約80％を占めている。渓谷の湿った岩盤上には，ナメラダイモンジソウ（*Saxifraga fortunei* var. *suwoensis*）などの草本植物が生育し，渓流にはアマゴ（*Oncorhynchus masou ishikawae*）などの渓流魚，天然記念物のオオサンショウウオ（*Andrias japonicus*）やモリアオガエル（*Rhacophorus arboreus*）が生息する。平野部では，高度に土地利用が進んでおり，流域に占める割合は，水田が8％，市街地が7％，畑地が3％程度となっている。扇状地では，砂礫河原が広がり，カワラハハコ（*Anaphalis margaritacea* subsp. *yedoensis*）やカワラサイコ（*Potentilla chinensis*），コアジサシ（*Sterna albifrons*）やイカルチドリ（*Charadrius placidus*）などの河原依存性の動植物が観察される。また，砂礫河床はアユ（*Plecoglossus altivelis*）の生育・産卵場としても重要であり，長良川では1300年あまり続く伝統のアユ漁法である鵜飼いが今なお営まれている。自然堤防帯では，かつての広大な氾濫原は存在しないものの，主に木曽川の河道内にワンドやたまりといった氾濫原水域が存在し，希少となったイシガイ科二枚貝（Unionidae）や，二枚貝の鰓内に産卵する天然記念物イタセンパラ（*Acheilognathus longipinnis*）が生息している。河口域では，ヨシ原にオオヨシキリ（*Acrocephalus arundinaceus*）やカヤネズミ（*Micromys minutus*）が，干潟にヤマトシジミ（*Corbicula japonica*）やクロベンケイガニ（*Chiromantes dehaani*）等が生息し，シギ類やチドリ類といった渡り鳥の中継地ともなっている。

(2) 氾濫原における環境の変化

江戸時代初期より始まった本格的な築堤と農地開発により，木曽三川が創出してきた濃尾平野の原生的な氾濫原は喪失した。後背湿地を利用した水田地帯では，水田，水路，ため池などの水域が，本来氾濫原に依存する水生生

図 4.18 木曽川の自然堤防帯（30.0 〜 36.6kp）における河道内氾濫原の景観の変化（永山ほか（2015）[18]から引用）

物の代替生息場として長らく機能していたと考えられる。しかし，1949（昭和24）年の土地改良法制定以降に進んだ近代的なほ場整備により，その生態的機能は急激かつ著しく損なわれたと考えられる。生物生息場の観点からも，洪水で特徴づけられるという氾濫原の定義の観点からも，現在の氾濫原は，堤防の河川側の土地である堤外地にほぼ限定される。これを，以降，「河道内氾濫原」と呼ぶ。

　明治時代における木曽三川分流工事により，現在見られる三川沿いの堤防の原型が出来上がったが，河道内氾濫原はその後大きく変化する。澪筋の固定と河床低下に伴う，陸域の固定と樹林化，それによる砂礫河原の減少と氾濫原水域環境の変化が生じた（**図 4.18**）。河床低下に伴う河道の樹林化は，扇状地よりも自然堤防帯で特に顕著である。木曽川の自然堤防帯のうち 26.2 〜 41.0 kp の区間では，1962（昭和37）年から2007（平成19）年の45年間に，河道最深部で平均約 3 m の河床低下が生じており，対照的に陸域部の高さは微増している（**図 4.19**）[16]。そのため，頻繁な増水による攪乱で維持されていた裸地状の砂州が 1970 年代には優占していたが，1980 年代中ごろから急激に樹林化が進行し，現在では陸域のほとんどが樹林に覆われている（**図 4.18**）[16]。さらに，河床を覆っていた砂が喪失したことで，澪筋の

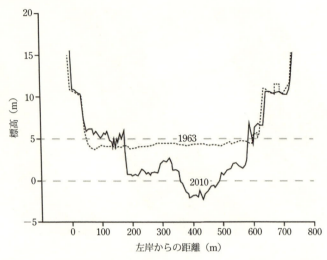

図 4.19　河床低下を示す例。木曽川 36.6kp における横断形状の変化。

　河床にはかつての氾濫原堆積物である締め固まった泥層が露出し，砂礫のほとんど見られない河床環境となっている[17]。以上の傾向は，長良川と揖斐川の自然堤防帯区間においても同様である。

　河原は，扇状地においては自然の景観要素であり，その減少はあるべき生態系の変質，すなわち劣化と位置づけることができる。しかし，自然堤防帯の流路内には，本来，蛇行に伴い内岸側に形成される寄洲（point bar）を除いて河原が形成されることは稀であり，むしろ流路に沿って形成される微高地（自然堤防）に樹木が生育する（1章も参照）。すなわち，流路とその周辺の景観に限って言えば，現在の樹林化した状況は，むしろ本来の自然堤防帯の景観に近いとも言える。木曽三川の自然堤防帯における樹林化は，私たちが航空写真から明確に知りうる 1945（昭和 20）年ごろの河道内景観に比較した物言いであり，決して原生的な景観との対比から生じたものではない。それゆえ，樹林化に象徴される河道内氾濫原の変化に対する生態系の応答は，「劣化」というよりも単に「変化」と表現するほうが適切であるかもしれない。もちろん，既に述べた築堤や農地開発による自然堤防帯の広大な氾濫原の喪失は，あるべき氾濫原生態系の劣化を引き起こしたことは自明である。なぜ，

写真 4.2 氾濫原水域の写真。本川と連結している水域はワンド（左側），孤立している水域はたまり（中央〜右側）と呼ばれる。

1945〜1970年代ごろ，河床は高く，砂州が形成されていたのかについては，江戸期から戦後の昭和初期にかけてみられた山地部の森林荒廃による過剰な土砂生産が深く関わっていたと思われる。

　いずれにせよ，変わり果てた河道内氾濫原において，木曽川では，かつての砂礫堆上の流路跡などに由来してワンドやたまりといった氾濫原水域が形成され（**写真 4.2**），そこに淡水性二枚貝や天然記念物イタセンパラが生存している（コラム10も参照）。揖斐川と長良川でも二枚貝は確認されるが，イタセンパラは確認できなくなって久しい。二枚貝は本川との比高が大きく冠水頻度が低い水域には生息できないため，比高の拡大が二枚貝ひいてはイタセンパラの存続を脅かすことが懸念されている[19]。また，扇状地では，砂礫河原の減少により，河原に特異的に依存する植物，鳥類等の生息場の喪失が懸念されている。樹林化した河道内氾濫原には，南米原産のヌートリア（*Myocastor coypus*）が棲みついており，二枚貝を捕食している可能性が高い[20]。また，タイリクバラタナゴ，ブルーギル，オオクチバス，カムルチーなどの外来魚も確認されており，捕食や競合によるタナゴ類をはじめとした在来魚への影響が懸念されている。なお，木曽川で確認されている二枚貝は，イシガイ（*Unio douglasiae nipponensis*），トンガリササノハガイ（*Lanceolaria* *grayana*)，ドブガイ属（*Anodonta* spp.）であり，揖斐川ではヨコハマシジラガイ（*Inversiunio jokohamensis*）が加わる。

　こうした背景から，木曽三川では，扇状地における砂礫河原の再生や，自然堤防帯における氾濫原水域を含む湿地環境の再生，河口域ではヨシ原や干潟の再生が実施されている。以下では，木曽川および揖斐川の自然堤防帯における氾濫原水域の再生事例について概説する。

(3) 事業概要
1) 木曽川
【目的】

　木曽三川の自然堤防帯における河床低下に伴う樹林化は，河道内氾濫原における湿地環境の減少やワンド・たまりといった氾濫原水域環境の変化，それに伴う水生生物の減少を引き起こすことが懸念される。特に，木曽川では，天然記念物イタセンパラが生息しており，その産卵母貝となる二枚貝とともに，生息環境である氾濫原水域の保全と再生は大きな課題である。また，河道内の樹林化は，治水や河川景観の観点，さらにはイタセンパラの密漁に係る防犯の観点からも，改善が求められる課題となっている。

　こうした背景から，国土交通省中部地方整備局木曽川上流河川事務所では，2004（平成16）年度より自然再生事業「ワンド等水際湿地の保全・再生」を開始しており，特定地区から始めた事業を，現在では自然堤防帯区間全体（河口から26.0〜41.0 kmの区間）へと拡大させ，イタセンパラと二枚貝の保全対策を検討，実施，モニタリングしている。対象区間の河床勾配は1/4 800程度である。ここでは，事業開始当初から対象とされたA地区の事例を紹介する。

　なお，河道内氾濫原におけるイタセンパラの生息条件はよくわかっていない。今となっては生息数も少なく，十分な検討を行うことも困難な状況にある。一方，イタセンパラの存続に欠かせない二枚貝は，同様に希少ではあるが比較的生息数は多い。また，木曽川では，イタセンパラが生息する水域には必ず二枚貝も生息していた。さらに，二枚貝は幼生期間を魚類に寄生して過ごさねばならず，自身の存続に魚類の存在が欠かせない。そのため，二枚

貝の存在は宿主魚種の存在を指標すると考えられるが，魚類群集全体の多様性をも指標することが確かめられた[21]。そこで，木曽川における一連の事業では，二枚貝の生息環境の改善を軸として，イタセンパラと二枚貝の生息数および生息水域数を増大させることを目指している。

【事業の実施内容とモニタリング】
　木曽川の自然堤防帯区間では，これまでに氾濫原水域における二枚貝の生息条件が調べられている。それによると，二枚貝の生息可能性は冠水頻度が高い水域ほど高く，水域内では有機物の堆積が少ない場所を好んでいた[19),22]。また，冠水頻度の低い水域は貧酸素状態（< 2 mg/L）に陥る頻度が高く，これが二枚貝の定着を阻んでいる可能性が示唆されている[19]。

　これらの知見を踏まえ，木曽川では，個別の水域を対象とした「堆積有機物を含む底泥の除去」を「緊急的対策」，また有機物の供給源となる「樹木伐採」や冠水頻度の向上を狙う「高水敷掘削」を「長期的対策」と位置づけ，保全対策を実行することにした。2009（平成21）年度から保全対策が講じられているA地区では，2012（平成24）年度までの4年間に，各水域における底泥の除去，樹木伐採と掘削，ならびに水域間の連結が実施された（図4.20）。樹木伐採を伴う掘削は，本川や水域間の連結性を考慮しつつ，出水時の流水の通り道を造成するよう線状に行われた。面的に掘削をしなかったのは，イタセンパラの生息水域が急激な変化に曝されないようにするための配慮であった。掘削面の幅は約15 m，掘削高さは木曽川の自然堤防帯区間で二枚貝の生息条件の目安となっている日水位ベースで冠水頻度4～5回／年[16]となるT.P. 4.2 mに設定された。掘削面の中央には，長く冠水することによって植物が繁茂しにくい場所を作る目的で，幅約2 m，深さ約0.3 mのV字状の水路を設けた。樹木伐採は，枝や葉といった有機物の水域への供給量を減らすために，水域周辺でも行われた。掘削面および水域への過剰な土砂流入を抑制する目的で，上流側の樹林帯には手を付けずに残した。

　効果検証のために，12個の氾濫原水域において生物および環境のモニタリングを行った。生物調査として，イタセンパラの仔稚魚および成魚の採捕，二枚貝の採捕と殻長測定，魚類相調査が行われた。環境調査としては，各水

●第4章●保全と再生の実践

図 4.20 A 地区においてこれまで実施された保全対策

域の水位，水温，溶存酸素濃度の連続観測，冠水回数（回／年）の集計，泥の堆積深の測定が行われた。

【地域社会との協働】

　木曽川上流河川事務所が主導する A 地区の氾濫原再生は，周辺の自治体（愛知県，同県一宮市，岐阜県，同県羽島市），環境省，文化庁，国立研究開

発法人土木研究所自然共生研究センター，世界淡水魚園水族館アクア・トトぎふ（株式会社江ノ島マリンコーポレーション）と連携して進められた。これらの関係機関は，氾濫原再生のために設置された検討会や協議会の場で意見交換や情報共有を行うとともに，啓発およびイタセンパラ密漁対策として現地パトロールも行っている。協議会には，愛知県警察も参画し，密漁対策に関する情報共有も行っている。一宮市の積極的な関与もあり，一宮市博物館や一宮市尾西歴史民俗資料館における展示会，小中学生を対象とした現地見学会や勉強会なども開催され，環境学習の場としても大いに活用されている。近年では，羽島市においても現地見学会や勉強会が開催されており，今後も，木曽川を囲む両市が，子供から大人まで対象とした活発な環境学習や集会などを予定している。

2) 揖斐川

【目的】

揖斐川では，2014（平成26）年度の「木曽三川流域生態系ネットワーク推進協議会」の設置とともに，河道内氾濫原へのイタセンパラの再導入の検討を開始したが，それ以前に，氾濫原に関連した自然再生事業はない。ただし，2000（平成12）～2007（平成19）年度にかけて実施された高水敷掘削後の地形変化により，二枚貝の生息水域が創出されている。一連の掘削は，河積の拡大を目的とした治水事業であったが，掘削後の樹林化に対する課題もあり，さまざまな掘削高さで試行的に実施された（図4.21）。主目的は治水であったため，生物や生息環境に関する明確な目的は設けられていない。対象範囲は，河口からの距離がおよそ32.0～39.0 kmの区間であり，ほぼ自然堤防帯（河床勾配1/3 300）に相当する。

【事業の実施内容とモニタリング】

掘削は，低水路に土砂が堆積し高水敷化したエリアを中心に，面的に実施された。一部，人工的に造成されていた高水敷も掘削され，低水路拡幅が行われた。掘削高さは，いわゆる豊平低渇水位を基準に設定され，渇水位以下から豊水位程度までのレンジで掘削が行われた。2000（平成12）～2007（平成19）年度まで，各年度に1～2か所の掘削が行われ，最終的に，施工年

図4.21 揖斐川の自然堤防帯（32.2〜39.0 kp）における高水敷掘削の概況（原田ほか（2015）[24]を一部改変）

度と掘削高さの異なる14地区が創出された（**図4.21**）。

各地区では複数年にわたりモニタリングが実施され，そのうち，大石・萱場（2013）[23]は植生データをとりまとめた。また，掘削後の地形変化を原田ほか（2015）[24]が，二枚貝の定着状況を永山ほか（2017）[25]が独自に調査している。

【地域社会との協働】
通常の治水事業という位置づけであるため，本事業に関する地域社会との連携はない。

（4）事業評価
1）木曽川

二枚貝が確認された水域は，保全対策前の2008（平成20）年度には3水域であったが，保全対策後の2014（平成26）年度までに9水域となった。同様に，イタセンパラが確認された水域は，2水域だったのが6水域となった。この期間，大きな降雨が少なく，水域が河川の増水によって冠水する回数は，年々減少傾向にあったが，全体的に泥の再堆積と貧酸素の発生回数は少ない状態で維持されていた。以上より，生息水域数を増大させるという目的は達成され，保全対策に一定の効果があったことが示唆された。

ただし，二枚貝とイタセンパラともに各水域における生息数は少なく，生

息量の明確な増大を確認するには至っていない（2015年3月時点）。モニタリング期間中，二枚貝（イシガイ）の稚貝が顕著に増えた（1～2匹／m²）時期があったが，2014（平成26）年度までに大幅に減少し，以前の状況程度（<0.5匹／m²）に戻った。これは，稚貝定着後の成長が何らかの要因で阻害された可能性を示唆する。イタセンパラについても，新たに生息が確認された水域における採捕数は未だ少なく，毎年安定して生息を確認できる状態には至っていない。

以前からイタセンパラと二枚貝が確認されている水域を含め，魚類相の年変動は大きかった。モツゴ，オイカワ，タイリクバラタナゴの個体数割合は概ね毎年高いが，年変動も大きかった。2014（平成26）年度にはオイカワとタイリクバラタナゴで80％以上を占めるほど，偏った魚類相が確認された。二枚貝幼生の宿主となるモツゴ，ツチフキ，トウカイヨシノボリは毎年確認されている。

2）揖斐川

掘削面における植物群落と開放水面の面積割合には，掘削高さによる違いが認められた[23]。渇水位以下で掘削された地区は，約10年経過した後も開放水面が約80％維持されており，氾濫原的な環境はほとんど形成されなかった（**図4.22**左）。一方，低水位から豊水位で掘削された地区では，経過年数5～10年で50～80％程度がヤナギ類に覆われ樹林化していた（**図4.22**右）。しかし，それらの地区には，掘削高さに関係なく，ワンドやたまりといった氾濫原水域が10～20％程度の面積割合で形成されていた。

図4.22　高水敷掘削後の状況の例

●第4章●保全と再生の実践

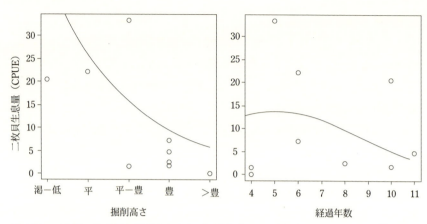

図4.23 二枚貝の生息量と掘削高さおよび経過年数との関係（永山ほか（2017）[25]を一部改変）

　これらの氾濫原水域には，偶然にも二枚貝が生息するようになっていた[25]。掘削地区において自然に形成された85水域における調査から，水域が形成されなかった渇水位以下の掘削地区を除くすべての地区において，二枚貝の生息が確認された。二枚貝の生息量は，低く掘削された地区（渇水位〜平水位）ほど高かった（図4.23左）。ただし，二枚貝の生息量は，掘削高さに関わらず，掘削後5年程度でピークとなり，その後は時間経過とともに減少する傾向を示した（図4.23右）。一方で，どの掘削地区でも継続的な土砂の再堆積が見られた（図4.24）。土砂の堆積は，二枚貝の生息条件として重要な冠水頻度に影響する。掘削後5年間程度の土砂堆積は，平坦であった掘削地区に微地形を生み，氾濫原水域（二枚貝の生息場）の形成をもたらしたと考えられるが（後段参照），その後も継続する土砂堆積は冠水頻度の低下を招き，生息環境を悪化させたと考えられる。また，土砂の再堆積により上述の樹林化も促進される。樹木から水域に落下する枝葉は二枚貝の生息を物理的に阻害することが指摘されている[22]。これも，二枚貝の減少要因になったと考えられる。以上から，揖斐川における河道掘削は，ワンドやたまりの形成を誘発し，経年的な劣化はあるにせよ，二枚貝の生息場を創出することがわかった。特に，低い高さ（渇水位〜平水位）の掘削が効果的であった。低い高さの掘削地区では，土砂堆積速度が緩やかであることも確認され

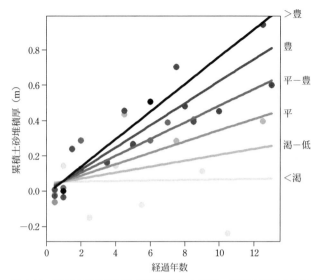

図 4.24 累積土砂堆積厚と経過年数との関係。実線は累積土砂堆積厚と掘削高さとの関係であり，傾きは堆積速度を表す。実線とプロットの色の濃淡は，掘削高さの違いを表している（永山ほか（2017）[25]を一部改変）

（図 4.24），良好な生息環境をより長く維持できると考えられる。

　掘削は面的かつ平坦に実施され，初期状態としては，概ね全域が水面もしくは陸上であったが，渇水位以下の掘削地区以外では，時間とともに氾濫原水域が形成された（図 4.22 右）。掘削地における堆積物の鉛直および水平構造と航空写真から，掘削後の地形変化と氾濫原水域の形成過程が推定されている[24]。掘削地では，まず，低水路に沿って砂が溜まり自然堤防状の微高地となり，その背後にシルトが溜まりつつ，部分的に微高地を形成する。自然堤防上の微高地は発達が速く，本川と背後地の水域を分離する。また，背後地の微高地も，徐々に発達，連結して拡大する。これによって，本川と一部つながりを保ったワンドや，完全に分離したたまりが形成されたと考えられる。

　なお，渇水位以下以外の高さの掘削地では，平均的に 5～12 cm/ 年の速度で堆積が進んでいた[24]。この堆積速度は，本事業区に隣接する堤内地で計測された自然状態に近い後背湿地（0.12～0.20 cm/ 年）や自然堤防

(1.35 cm/年)の堆積速度[26]に比べて，はるかに大きい。高水敷掘削によって創出される河道内氾濫原は，かつての氾濫原である後背湿地に比べて，地形変化が大きく物理的に不安定であることが理解される[18]。

以上より，揖斐川の高水敷掘削は治水目的で実施された事業であったが，ヤナギの再定着による樹林化や継続的な土砂の再堆積等の問題はあるにせよ，結果的に比較的長期にわたって，二枚貝の生息場を創出していた。これは，二枚貝やそれに依存するタナゴ類の保全対策の一つとして，高水敷掘削が活用できることを示唆する。ただし，掘削地における土砂の堆積速度は，本来の氾濫原に比べてはるかに大きく，急速な比高の拡大による水域環境の変化を注視する必要がある。

後述するように，土砂堆積と樹林化に伴う氾濫原環境の劣化が避けられない河川では，主要な治水整備手法の一つである河道掘削を活用し，ゾーニングと掘削回帰年に基づく循環的な管理を行うことが有効と考えられる。少なくとも揖斐川では，その有効性が意図せずして示される格好となった。今後，揖斐川では，土砂堆積や再樹林化に伴って10年以上の間隔で訪れる治水整備の要求に応えていくことで，同時に二枚貝をはじめとした氾濫原依存の水生生物を保全できる可能性がある。

(5) 課　　題
1）木曽川

イタセンパラと二枚貝の分布可能な水域の増加が示され，保全対策は一定の効果を上げたと考えられる。しかし，河川が増水する回数が少なかったことで，水域の冠水回数も少なく，長期的対策として実施した樹木伐採と掘削の効果は，現時点で検証できていない。また，冠水が少なかったことは，水域間および水域と本川の連結回数が少なかったことと同義であり，冠水（連結）がイタセンパラと二枚貝の生息水域拡大に与える影響も十分に把握できていない。このまま，冠水回数が少なく推移した場合，もしくは，降雨が増大して頻繁に冠水するようになった場合，イタセンパラと二枚貝の生息状況がどう変化し，保全対策がそれにどう影響するのか，今後，注視していく必要がある。

また，かつて確認されていた殻長 50 mm 以上のイシガイが減少傾向にあり，今後，それがイシガイの再生産に与える影響が懸念される。殻長の大きいイシガイの減少には，ヌートリアの捕食も影響している可能性が高く[20]，イシガイだけでなくイタセンパラへの間接的な影響も強く懸念される。

　近年は，A 地区以外の河道内氾濫原でも，イタセンパラと二枚貝の保全・再生を目指した対策が試みられている。例えば，細い水路を拡幅して造成した水域で二枚貝の定着が確認され，また，ワンドとの連結性を高めたたまりでイタセンパラの生息が確認されるといった成果が得られている。ただし，現在の木曽川における流量や流送土砂量といった境界条件の下では，たとえ樹木伐採や掘削を行ったとしても再樹林化は避けられず，水域環境の劣化も経時的に進行すると考えられる。そのため，木曽川の河道内氾濫原においてイタセンパラと二枚貝を存続させるには，例えばゾーニングを行って循環的に樹木伐採や掘削を行うことが考えられる[18]。これは，4.1.3 で紹介されたワール川における循環的氾濫原再生（CFR: cyclic floodplain rejuvenation）の応用である。同時に，イタセンパラと二枚貝の保全の観点からは，河道内氾濫原だけに頼らず，遊水地や堤内地の農地も含めた水域ネットワークとローカルな生息環境の改善・再生が求められる。木曽川上流河川事務所は，2014（平成 26）年度から「木曽三川流域生態系ネットワーク推進協議会」を設置し，この動きを開始している。

2) 揖斐川

　低水位以上の高さの掘削地区では，最終的に 50 〜 80 ％の面積が樹木（ヤナギ類）に覆われたが，実は，これは掘削前の割合よりも高い値である。掘削前は，牧草地もある程度含まれていたと考えられるが，草地の占める割合が大きかった。つまり，掘削によって，ヤナギ類が定着しやすい物理水文条件が形成され，草本主体となる前にヤナギ類が侵入，成長し優占するようになったと考えられる。このように，高水敷掘削によって，かえって樹林化が促進される場合があることを想定し，掘削前に対策を考える必要がある。

　二枚貝の生息量は，掘削 5 年後にピークとなり，その後減少する傾向が示された。このことは，土砂の再堆積と樹林化が生じる条件下にある河川では，一般に，河道内の氾濫原水域が二枚貝の生息場として機能する期間に限りが

ある可能性を示す。これは，いわば「生息場の寿命」と言うべきものかもしれない。この対策として，河道内氾濫原をゾーニングして循環的に掘削する管理手法を示したが，掘削回帰年の設定は大きな課題である。本解析からは，徐々に劣化はするものの，10年以上にわたって二枚貝の生息可能な氾濫原水域が維持されていたことから，少なくとも揖斐川では10年間以上の回帰年数があってよいかもしれない。今後，この循環的な管理を戦略的に実施するには，土砂堆積や樹林化への対応である「治水上の掘削回帰年」と，生物生息場の寿命からみた「環境上の掘削回帰年」を適切に見積もる技術が必要となる。

4.2.3　自然堤防帯区間編：松浦川（アザメの瀬）の事例

(1)　背　景

松浦川は，その源を佐賀県杵島郡黒髪山系に発し，山間部を縫って北流し，唐津平野に出て玄界灘に注ぐ，幹線流路延長47 km，流域面積446 km^{2}の一級河川である。主な支川は，厳木川と徳須恵川の2河川である。松浦川流域の約84％は山地であり，その約7割は針葉樹林である。徳須恵川，厳木川の支川を含めた中上流域では，早瀬や淵の連続する自然河川が現在も残っている。下流域の河川敷はメダケやオギ群落で占められることが多く，中上流域にかけてツルヨシやオオタチヤナギ群落が多くなる。流域人口は約10万人で，その大部分は最下流の唐津市に集中している。

松浦川は，1961（昭和36）年に建設省直轄河川になるまでは，佐賀県によって管理されていた。昭和30年代までは，松浦川はほとんどが無堤地帯であったが，直轄河川編入以降，築堤工事がなされ，川幅が拡幅されている。1974（昭和49）年には河口から3.1 km地点に松浦大堰が完成し，現在では松浦大堰によって汽水域と淡水域が分かれている。堰には魚道があり，ウグイ，アユ，ボラ，ウナギなどの遡上が確認され，ある程度，魚類の海と川の行き来は確保されている。1987（昭和62）年に厳木川上流に厳木ダムが建設されたのをはじめとして，松浦川には高さ15 m以上のハイダムが12基設置されているが，流域のハイダム率（流域面積に占めるハイダムの集水面積の割合）は11.5％と小さく，流域全体に占めるダムの影響は小さいとさ

れる[37]。

(2) 氾濫原における環境の変化

松浦川における氾濫原，旧河道の経年変化を見ると，松浦川はかつて氾濫平野約 12.1 km^2，旧河道部約 2.0 km^2 の計 14.1 km^2 の氾濫原湿地環境を有していた。しかし現在では，氾濫原湿地環境は，松浦川本川 26 km より上流部に約 1.1 km^2 を残すのみであり，およそ 92 ％が消失した。要因は，水田の開発による直接的な湿地の減少，松浦川の改修による氾濫の抑制と水位の低下による連続性の減少，ほ場整備による用排水路のコンクリート化と川との連続性の減少などである。特に氾濫原湿地の代償機能を持っていた水田の機能劣化の影響は大きいとされている[37]。

そこで，松浦川では，拠点的に氾濫原湿地を再生することによって，氾濫原に依存すると考えられる生物の回復を図り，河川環境の改善に取り組んでいる。その拠点の一つとして，アザメの瀬地区において氾濫原湿地の再生が行われている。

(3) 事業概要

1) アザメの瀬自然再生事業

2003（平成 15）年の自然再生推進法施行を契機に，全国的に自然再生に対する取り組みが盛んに行われるようになり，国土交通省においても自然再生事業が始められることになった。「アザメの瀬自然再生事業」は，その最初のプロジェクトの一つである。

アザメの瀬は，松浦川の中流部に位置し，左岸側には強固な堤防があるが，右岸のアザメの瀬地区は無堤地区であり，毎年のように氾濫に見舞われていた。松浦川には，アザメの瀬より約 3 km 上流に駒鳴という狭窄，大蛇行部があり，その場所の流路を短縮（ショートカット）する分水路を建設する事業が，アザメの瀬地区の検討が始まった当時に完成を見るところであった。この狭窄部より上流は氾濫常襲地帯であり，ショートカットにより，駒鳴上流部の松浦川の水位は 1.0 ～ 2.0 m 程度低下し，水害が大幅に低減するため，駒鳴分水路は上流地区の治水上極めて重要なプロジェクトであった。しかし

ながら，このショートカットを行うと下流側の水害が増える危険があり，下流部との合意形成のため駒鳴プロジェクトは20年以上の時間を要していた。アザメの瀬地区周辺は最後に残った下流の氾濫常襲地帯で，この場所の治水対策を行ってはじめて，駒鳴部の新水路の放水が可能になるという状況があった。そのようななか，アザメの瀬の治水対策は堤防方式や用地買収方式などさまざまな手段が検討されたが，最終的に用地買収により河川敷地内に遊水区域として取り込むことが決まった。また，当時の国土交通省河川局の意向として，「自然再生事業は，地域の要望があってするものであるから，地域の人と十分に話し合いながら地域からの盛り上がりがあるなかで行う」というものがあった。このような経緯でアザメの瀬自然再生事業は始められた。

　アザメの瀬の自然再生事業は自然再生推進法に基づかない，国土交通省の事業としての自然再生事業である。アザメの瀬では自由参加を基本とする検討会方式とし，学識者はアドバイザーとして検討会の枠組みの外側（意思決定主体ではないということ）に位置づけられ，自然再生計画書のようなオーソライズされた計画書は作らず，検討会で議論し計画を順次変更していくという方式で進められた。これは，対象地区の面積が比較的小さく，プロジェクトが一つの町で完結しており，コミュニティーがしっかりした地域であり，また国の関係機関も国土交通省のみであるという特徴に対応した方式である。アザメの瀬に関係する議論はすべて「アザメの瀬検討会」で行われることとなった。以下に述べるアザメの瀬の目標設定や，順応的管理の手法などについても，すべて検討会で議論され決定されたものである。

2）アザメの瀬

【アザメの瀬の特徴】

　アザメの瀬は，松浦川の河口より15.6 km地点に位置している（図4.25）。アザメの瀬地点の松浦川本流の河床勾配は1/1 350程度であり，セグメント2[38]に分類される。アザメの瀬は，延長約1 000 m，幅約400 mで面積約6.0 haであり，冠水頻度や大きさの異なる6つの池（上池，下池，トンボ池，三日月湖など）と，棚田，松浦川本流と連続しているクリークから構成されている（図4.26）。

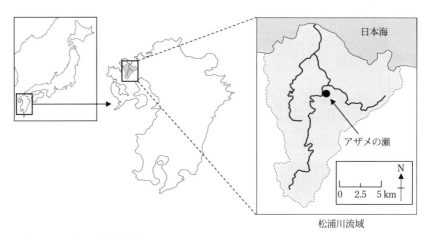

図 4.25　アザメの瀬の位置

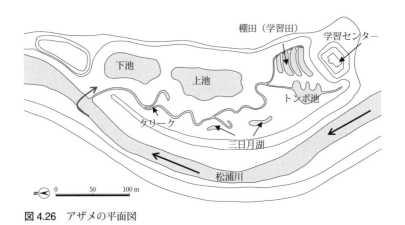

図 4.26　アザメの平面図

アザメの瀬地区は，氾濫原湿地として整備される前は水田として利用されていた（**図 4.27** A）。当時，河川水面と水田の比高は 5 m 以上あり，水田への水の供給は，ため池と松浦川からのポンプ揚水により行われていた。湿地環境の再生のために，アザメの瀬地区では地盤高を約 5 m 掘り下げることにより，河川との水理的な連続性および流量変動による動的システムを再生した（**図 4.27** B）。その結果，平水時には湿地的な環境を保ち，出水時には氾濫水が浸入する環境となっている（**図 4.27** C，D）。湿地内の湿潤状態を

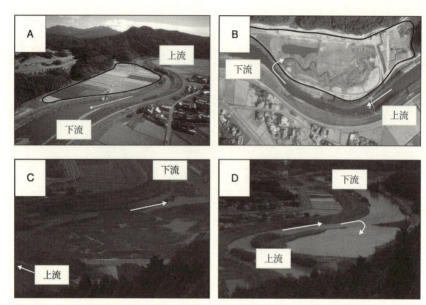

図 4.27　アザメの瀬の風景，(A) 施工前，(B) 自然再生後，(C) 平常時の様子，(D) 洪水時の様子

保つために，掘り下げ後の地盤高は平常時の松浦川の水位とほぼ同じ T.P. 2.5 m に設定された。また，春〜夏にかけての出水期において湿地内へ氾濫水が浸入できるように，湿地内クリークの河岸高は過去の 4 月出水の水位を参考に，T.P. 3.5 〜 4.0 m に設定された（2004 年竣工時）。その後，湿地環境の維持のために，順応的に地盤の掘削が行われ，2006（平成 18）年 3 月にはクリーク河岸高（＝下池・上池の岸高）は，T.P. 3.0 m まで掘削されている。なお，アザメの瀬の風景の経年変化写真を図 4.28 に示す。アザメの瀬では，特に積極的な植栽は行っていないので，施工当初は裸地同様の状態であったが，洪水時にさまざまな植物の種子が輸送されたことにより[28]，施工から 8 年後の 2012（平成 24）年には，樹高 5 m を超えるヤナギ林をはじめとした湿地植生が自然に回復している。

　アザメの瀬では，後背湿地的な環境の維持のために上流側からの直接的な洪水流の流入や土砂の流入を防ぐ必要があり，洪水時には下流側に位置する流入口から水が流入する方法（バックウォーター式）が採用されている（図

2001年9月 施工前：美田が広がっていた。2001年11月からアザメの瀬検討会が開始された。	2004年3月 施工直後：写真手前に見える水域は下池。掘削当初は裸地で植生は全く見られない。

2008年4月 施工から4年：写真奥に見える水域は上池（2006年に竣工）。出水によってさまざまな植物の種子が輸送され，草本植生が回復しつつある。	2010年5月 施工から6年：草本植生だけでなく，下池の周りにヤナギ類の定着が確認できる。

2011年6月 出水時のアザメの瀬：出水時は松浦川本川から洪水流が流入し，アザメの瀬は全体が一つの池のようになる。	2012年8月のアザメの瀬：定着したヤナギ類は大きいものでは5mを超えるまでに成長し，計画当初に検討会で描かれた整備イメージに近い景観になりつつある。現在アザメの瀬は貴重な動植物の宝庫となっている。

図 4.28　アザメの瀬の風景の経年変化

4.26)。また，湿地内には排水あるいは洪水の導入のためのクリークが設けてある。実際の洪水時には，流入口からクリークを通じて氾濫水が浸入し，水位の上昇に伴って，アザメの瀬全体に氾濫水が広がる仕組みとなっている（図 4.27 C，D）。なお，出水時には，洪水流によってさまざまな物質や生物がアザメの瀬へ入ってくる（図 4.29）。

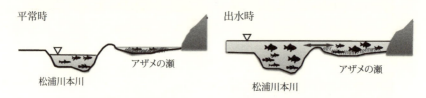

図 4.29　アザメの瀬は平常時には独立した水域だが，出水時には松浦川本川からさまざまな物質や生物が輸送される

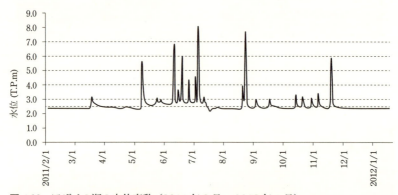

図 4.30　アザメの瀬の水位変動（2011 年 2 月～ 2012 年 1 月）

表 4.2　アザメの瀬における標高別の冠水頻度・冠水日数

標高	冠水頻度 （回／年）	冠水日数 （日／年）	各標高に位置する水域 （岸高）
TP 7.0	3	0.6	
TP 6.0	5	1.4	
TP 5.0	7	2.8	トンボ池
TP 4.0	9	6.1	
TP 3.0	21	20.1	クリーク・下池・上池
TP 2.5	27	106.0	

なお，アザメの瀬における1年間の水位観測結果（**図 4.30**）をもとに，標高別の冠水頻度と冠水日数を計算すると**表 4.2**のようになった。このような環境の傾度と，それを生み出す地形により，さまざまな特性を持った湿地が形成・維持されている点はアザメの瀬の大きな特徴である。

【順応的管理】

アザメの瀬自然再生事業では，施工後の現地の動植物の生息・生育状況や地下水位等のモニタリング結果に合わせて，地盤高や地形勾配などを変更する順応的な管理を行っている。第一次施工が完了後，2004（平成16）〜2005（平成17）年にかけて中間モニタリングが実施され，以下のような課題が明らかとなった。

- クリークと下池の地盤高はT.P.3.5 mで，乾燥した比高の高いT.P.3.2 m以上にはセイタカアワダチソウ等の外来植物が繁茂している
- 下池の町道側（陸域）の乾燥化が進行し，荒地性雑草群落を主とした群落を形成しており，沈水植物や抽水植物が繁茂する水域から陸域への移行帯（エコトーン）が乏しい
- 下池の水際には湿性の外来種であるキシュウスズメノヒエなど，単一の植物群落が優占している
- 出水時に運ばれてきたヤナギの定着，ヤナギタデの分布拡大によって，クリークが植生に覆われ，開放水面がなくなりつつある

以上の課題に対して，2005（平成17）〜2006（平成18）年にかけて，以下のような計画変更が行われた（**図 4.31**）。

- クリーク周辺を湿地環境にするため，クリーク河岸の地盤高を

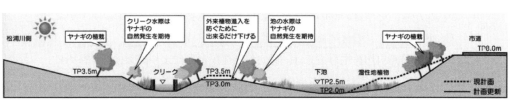

図 4.31　当初と計画変更時の横断イメージ
　　　　（国土交通省九州地方整備局武雄河川事務所（2011）[33]より引用）

T.P. 3.5 m から T.P. 3.0 m まで下げる（冠水頻度 15 ～ 20 回／年程度）
- 陸生の外来植生の繁茂を抑制し，目標である湿地植生域を拡大するために，下池および上池東側の法面の勾配を当初の 5 ～ 7 割から，2 割の急勾配とし，冠水頻度が高い湿地部分の面積を拡大する
- 湿地水温の上昇や外来草本の繁茂を抑制するために，ヤナギ類の植樹を行う
- クリーク上流部の河岸崩壊を抑制し，一定の水面幅を確保するために河岸に木柵を設置する

【目的】
　前述したように，松浦川では，92％の氾濫原湿地が消失するとともに[37]，氾濫原湿地の代替的役割を有していたと考えられる水田の多くも，その機能を果たさなくなった。そのため，ナマズやコイといった氾濫原湿地に依存する生物や，沿川住民がそれらの生物と接する機会も減少した。そこで，松浦川では，拠点的に氾濫原を再生することにより，氾濫原に依存する生物の回復を図り，河川環境の改善に取り組むこととした。アザメの瀬自然再生事業は，この取り組みの一環として進められた。
　アザメの瀬自然再生事業では，二つの目標を設定した。
① 河川の氾濫原的湿地の再生
② 人と生物のふれあいの再生
　①の目標における最も大きな特徴は，特定の再生目標種を設定するのではなく，氾濫原環境に依存する普通種の生息場の再生を目標としたことである。例えば，釧路湿原のタンチョウや円山川のコウノトリのように，自然再生事業を実施する場合には絶滅危惧種等を指標または象徴とする場合がある。しかしながら，アザメの瀬の場合は，昔はどこでも見られたコイ・フナ・ナマズ・ドジョウなどの普通種の生息環境の再生を目標とした。
　アザメの瀬自然再生事業では，徹底した住民参加により計画検討が進められた。その中で，「昔はドジョウやフナ・コイ・ナマズ・カワエビなどを水田や川で捕ることができ，日常的に生物と触れ合っていた」「アザメの瀬は人と生物とが触れ合える場所とすべきである」という意見が検討会の多くの

参加者から出された。これらを受けて，②の目標が立てられた。

【モニタリング概要】
　アザメの瀬では，国土交通省九州地方整備局武雄河川事務所により，植物相，魚類相，魚類の産卵場についてモニタリングが実施されている[33]。また，研究者によるモニタリングも行われている。アザメの瀬に分布する植物相については，2004（平成16）年に下池が竣工されて以来，2009（平成21）年まで，毎年9～11月にかけて調査が実施された。ただし2005（平成17）年は，順応的管理に基づく，二次掘削施工のため調査が行われていない。本調査は，空中写真の撮影・植生図作成調査・任意踏査による種同定・ベルトトランセクト調査により行われた。なお，植生群落の分類は，現地での繁茂場所の湿潤状態および佐竹ら（1982）[36]の記述を参考にした。湿地性植物群落・準湿地性植物群落・荒地性植物群落の分類の内訳を**表4.3**に示す。
　アザメの瀬に分布する魚類相については，2003（平成15）年にクリークが竣工されて以来，2009（平成21）年まで，毎年6～7月にかけて調査が実施されている。魚類の捕獲は，投網・サデ網・定置網を用いて行われた。魚類の産卵調査は，氾濫原を産卵場として利用する魚類の産卵期に合わせて，5～6月に，疑似産卵床（柴漬け：イネ科草本等を紐で結んでまとめたもの，産卵床ネット）等を用いて行われた。また，再生目標として想定されていなかったイシガイ科二枚貝の生息が2007（平成19）年に多数確認された[31]。

【地域社会との協働】
●住民参加と合意形成
　アザメの瀬自然再生事業の計画検討は，主に「アザメの瀬検討会」（**図4.32**）によって進められた。検討会には，地域住民，学識者，行政等が参加し，月に一回程度の頻度で行い，その場で計画案や維持管理体制について議論されている。**図4.32**はアザメの瀬検討会の体制のイメージ図である。自然再生事業では，一般的に学識者による科学的な検討をもとに進められる場合が多いが，アザメの瀬検討会では，学識者はアドバイザーとして位置づけられ，意思決定をする主体はあくまで検討会の参加者である住民となってい

表 4.3　植物相把握調査における植物群落分類の内訳

区分	基本分類	群落名
湿地性植物	沈水植物群落	クロモ群落
		オオカナダモ群落
	浮葉植物群落	ヒシ群落
	一年生草本群落	ヤナギタデ群落
		オオイヌタデ群落
		ミゾソバ群落
		イボクサ群落
	その他の単子葉草本群落	ヒメガマ群落
		キュウリュウスズメノヒエ群落
		チクゴスズメノヒエ群落
		コバノウシノシッペイ群落
		マコモ群落
		クサヨシ群落
		カンガレイ群落
準湿地性植物	一年生草本群落	イヌビエ群落
		オオクサキビ群落
		ヌカキビ群落
		カナムグラ群落
		ヒロハホウキギク群落
	オギ群落	オギ群落
	ヤナギ低木林	オオタチヤナギ低木林
荒地性植物	一年生草本群落	アキノエノコログサ群落
		オオブタクサ群落
		オオオナモミ群落
		アメリカセンダングサ群落
	多年生広葉草本群落	ヨモギ群落
		セイタカアワダチソウ群落
	その他の単子葉草本群落	その他の単子葉草本群落
		タチスズメヒエ群落
		チガヤ群落
その他	水田	水田
	人工裸地	人工裸地
	構造物	構造物
	自然裸地	自然裸地
開放水面	開放水面	開放水面

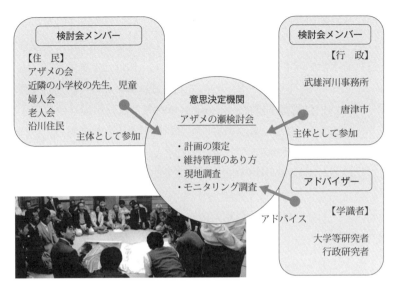

図 4.32 アザメの瀬検討会の体制
(国土交通省九州地方整備局武雄河川事務所 (2011)[33] に追記)

る。検討会は，2001 (平成 13) 年 11 月に開始され，2014 (平成 26) 年 3 月現在 110 回を数えている。また，検討会では，以下のような 7 つの合意形成ルールが定められている。なお検討会の過程で，アザメの瀬での活動を支援する住民主体の自治組織「アザメの会」が発足し，現在も主体的に活動を続けている。

① メンバーは非固定の自由参加とする
② 月に一回程度のペースで繰り返し話し合う（一度決まったことも，知識の蓄積や状況の変化に応じて再度話し合う）
③ 検討会の進め方についてもみんなで話し合って決める
④ 老人会・婦人会などに積極的に参加し，幅広く地元の意見・知識を吸収する努力をする
⑤ 会場を固定せず複数の場所で開催する
⑥ 「～してくれ」ではなく，「～しよう」を基本姿勢とする
⑦ 学識者の立場をアドバイザーとして位置づけ，主体はあくまで住民とする

●住民主体の維持管理の取り組み

　先に述べたように，アザメの瀬では，徹底した住民参加手法により事業が進められてきた。竣工後の維持管理についても，検討会で議論され住民らが主体的に取り組んでいる。アザメの瀬で実施されている維持管理活動は，主に①草刈等の植生管理・清掃，②小学生を対象とした環境学習教室（**写真4.3**），③地域で昔から取り組まれていた伝統的行事の三つである。これらの活動には，補助的な役割として，河川管理者や学識者等が参加し，共同で活動してはいるものの，活動主体はいずれも地域住民らからなるNPO法人アザメの会である[29]。特に②小学生を対象とした環境学習教室は，アザメの瀬において，小学生が生物や自然環境について学習するものであり，アザメの瀬計画当初の目標の一つである「人と自然のふれあいの再生」を達成するものである。また，この活動が，①草刈等の植生管理・清掃に取り組むうえでの，住民らのモチベーションともなっている[29]。これらの維持管理活動は，ラムサール条約でいう"Wise use"の実践ともいえるものである。

　なお，2011（平成23）年度以降には，九州大学の社会連携事業による資金的な援助を受け，地元住民への定点写真撮影等の業務委託や，雨水タンクの設置，アザメの瀬の図鑑の作成，観賞用蓮池の整備などが地元住民・九州大学・国土交通省の連携によって実施されている。また，2007（平成19）年度より夏休みに実施されている"アザメの瀬夏休み環境学習教室"は，

写真 4.3　環境学習教室の様子

2018（平成30）年現在12年続けて開催されており，近年福岡都市圏を中心とした外部からの参加者が多数訪れるなど，アザメの瀬における活動はより活性化しつつある。

(4) 事業評価
【植物相の変化】

モニタリング調査により得られた植物相の経年変化を航空写真と合わせて図 4.33 に示す（カラー図は口絵を参照）。植物相は，湿地性植物群落（ヒシ・ヤナギタデ・ミゾソバ等），準湿地性植物群落（オオクサキビ・オオタチヤナギ等），荒地性植物群落（セイタカアワダチソウ・オオブタクサ等）に分類されている。2004（平成16）年の調査時には上池が未整備のため，湿地性植物群落の占める割合は小さいが，2006（平成18）年以降は，T.P. 3.0 m 以下の地点で湿地性植物群落の割合が増加し，その後は安定して推移していることが確認できる。その一方で，T.P. 3.0 m を超える比較的冠水頻度の低い地点では，徐々に荒地性植物群落の割合が増加している。しかしながら，荒地性外来種抑制の目的で植栽されたオオタチヤナギも徐々に広がりを見せていることから，今後も植物相は推移していくと考えられる。冠水頻度の比較的大きい T.P. 3.0 m 以下の地点については安定して湿地性植物群落が定着していることから，計画当初の目的であった湿地性植物の成育場としての機能は概ね達成されているものと思われる。

なお，アザメの瀬における外来植物セイタカアワダチソウの立地環境について，以下のことが明らかにされている（図 4.34，4.35）[31]。

・冠水頻度10回／年以下，冠水日数10日／年以下となる，平水位（T.P. 2.5 m 程度）からの比高が約 1.5 m 以上高い場所ではセイタカアワダチソウの過剰繁茂が認められる。

・冠水頻度20回／年以上，冠水日数20日／年以上となる，平水位からの比高が約 0.5 m 以下の場所ではセイタカアワダチソウの繁茂はほとんど確認されない

・ヤナギ等高木の存在する地点では，冠水頻度が低くてもセイタカアワダチソウの過剰繁茂は認められない

● 第 4 章 ● 保全と再生の実践

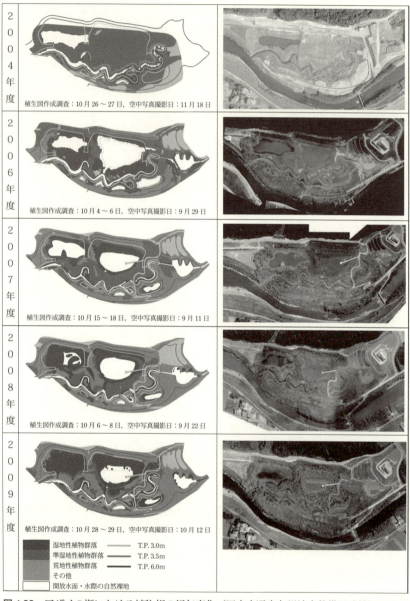

図 4.33 アザメの瀬における植物相の経年変化（国土交通省九州地方整備局武雄河川事務所（2011）[33]より引用）（カラー図は口絵を参照）

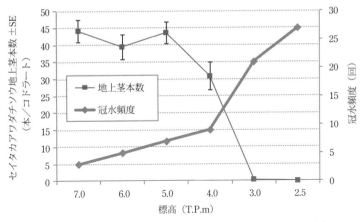

図 4.34　標高別セイタカアワダチソウの地上茎本数と冠水頻度の関係

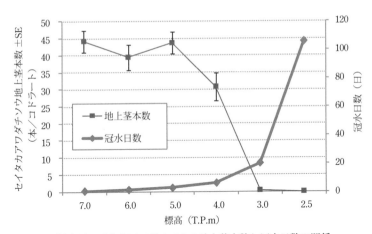

図 4.35　標高別セイタカアワダチソウの地上茎本数と冠水日数の関係

【魚類相の変化】

　モニタリング調査を行った 7 年間で，計 11 科 35 種が確認されている。モニタリング調査で確認された種数の経年変化を図 4.36 に示す。クリークのみ竣工された 2003（平成 15）年の調査では 12 種と確認種数が少ないが，下池が竣工した 2004（平成 16）年以降は，多少の変動はあるものの 24 ～ 28 種が安定して確認されている。経年的に確認される種としては，ギンブナ・

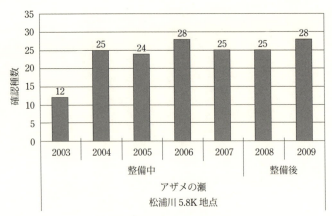

図 4.36 アザメの瀬において確認された魚種数の経年変化(国土交通省九州地方整備局武雄河川事務所(2011)[33]より引用)

コイ・タモロコ・オイカワ・ヤリタナゴ・カネヒラ等のコイ科魚類のほか,ナマズ・ドジョウ・メダカなど 19 種が挙げられる。特に,ギンブナ・コイ・ナマズ・ドジョウなどは,産卵期に氾濫原的湿地環境を必要とする氾濫原依存種として,計画時の再生目標としても掲げられた種である。これらのことから,アザメの瀬は,氾濫原依存種の生息場として一定の機能を有していると考えられる。

【魚類の産卵場の再生】

アザメの瀬では,コイ・ギンブナ・モツゴ・タモロコ・ナマズの産卵が確認された(写真 4.4)。これらの種は,いずれも主に水草や水際の抽水植物に産卵する種であり,アザメの瀬計画当初も産卵可能性がある種として抽出されていた種である。

次に述べるように,アザメの瀬では多数の二枚貝が確認されている。これらの二枚貝には,タナゴ類の産卵も確認された(林,未発表データ)。アザメの瀬では,そのほかにも,オイカワ,カワムツ,カネヒラ,ヤリタナゴ,ウグイ,カワヒガイ,ゼゼラ,ドジョウ等計 22 種の仔稚魚が確認されていることから,これらの種の産卵場所としても機能している可能性がある。また,小崎ら(2010)[34]の調査により,アザメの瀬に産卵されるコイ科魚類

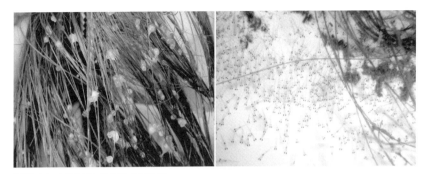

写真 4.4 確認された卵および仔魚

の卵数は，松浦川本流の約50倍であることが明らかとなっている（**図 4.37**）。これらのことから，アザメの瀬は，松浦川における魚類の産卵場所として，重要な機能を有しているものと推測される。

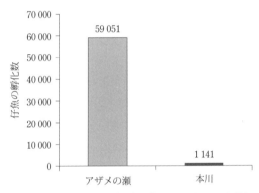

図 4.37 アザメの瀬と松浦川本川におけるコイ科魚類の産卵ポテンシャルの比較（小崎ほか(2010)[34]より引用）

【二枚貝の生息場の再生】

計画当初は再生目標として想定されていなかった二枚貝が，下池に約1 500個体生息していることが2007（平成19）年に明らかとなった[27]。確認された二枚貝はヌマガイ，イシガイ，トンガリササノハガイの3種であった（**写真 4.5**）。約1 500個体のうち98％がヌマガイであったことから，アザメの瀬が特にヌマガイの好適な生息場所として機能したものと考えられる。しかしながら，2008（平成20）年からアザメの瀬にヒシの侵入が確認され，翌2009（平成21）年にはヒシが下池全面を覆い水中の酸欠を引き起こし，下池に生息する二枚貝の多くが死滅した。一方，上池やトンボ池では，2014（平成26）年時点で推定1 000個体以上の二枚貝（主にヌマガイとイシガイ）が持続的に生息していることが確認されている。この要因として，上池とトンボ池はアザメの瀬の

流入口からやや離れた位置（150 m 程度）にあることにより，出水時に供給される栄養塩や有機物の量が下池に比べて少ないことや，ヒシの種子が侵入しにくいことなどが挙げられている[35]。

なお，ヌマガイは松浦川本流ではごく限られた場所にしか分布していないことが明らかとなっており[30]，アザメの瀬は松浦川水系のヌマガイにとって，重要な生息場所として機能していると考えられる。

(5) 課　題

アザメの瀬自然再生事業における二つの目標（①河川の氾濫原的湿地の再生，②人と生物のふれあいの再生）は概ね達成され，成功事例の一つとして評価できる。一方で，今後に向けての課題も少なからず挙げられる。

植生に関する今後の課題としては，冠水頻度が低い場所に繁茂しているセイタカアワダチソウやオオブタクサに代表される外来植生

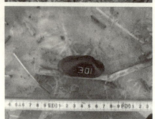

写真 4.5　アザメの瀬で確認されたイシガイ目二枚貝（上からヌマガイ，イシガイ，トンガリササノハガイ）

への対策が挙げられる。具体的には，ヤナギ類をはじめとする高木の被覆による外来植物抑制，抜き取り等の方法も視野に入れ，今後対応していく必要がある。また，比較的標高の低い湿地部分ではヤナギ類の繁茂が顕著であり，これらは湿地的環境の維持や生物の生息場として重要な役割を有する一方で，洪水時のゴミや土砂をトラップすることや，利用時の安全への影響などが懸念されていた。そのため，2017（平成 29）年度に検討会での議論を経て，大規模なヤナギ類の間伐が行われた（**写真 4.6**）。現在は，適度な眺望と生物の生息場としての機能の両方とが維持されているが，今後も植生の遷移については観察を続け，適宜議論をしながら管理を行っていくこととなっている。

写真 4.6 ヤナギ類伐採前後の比較（左：伐採前，右：伐採後）

　アザメの瀬における維持管理活動は，NPO 法人アザメの会が主体となって行われている。現在のところ良好な維持管理体制が確立されているが，参加するメンバーが固定化されており，関係者の高齢化も進んでいることから，後継者の育成が急務となっている。現在，環境学習教室等の活動を通して，高齢者と小学生の世代間の交流は盛んに行われているが，その間の世代である子供の親世代は，いずれの活動にも参加が少ない。これは，壮年期ゆえの多忙さが主な原因と推測されるが，後継者の育成ということを考えると極めて大きな問題と思われる。アザメの瀬における活動に，各世代が連続的に関わっていくことが，継続的な維持管理体制の確立には不可欠である。それを可能にするような仕組みを確立し，後継者を育成することが今後の最も大きな課題である。また，環境学習で使用する棚田の維持管理に使用するトラクターの燃料代や，防虫剤等の薬品など，実費が必要となる事項もあるので，ある程度の資金を調達する必要もある。現行では国や自治体からの補助金により，これらの出費を賄っているが，この先も補助を受けられる保証はない。維持管理に必要な最低限の予算の確保は大きな課題といえる。

* 　本稿は，既往論文「林ほか（2012b）再生氾濫原アザメの瀬における取り組みの包括的報告と事業評価，湿地学研究，Vol. 2, pp.27-38」[32] に，大幅に加筆修正を加えて作成したものである。

《引用文献》

1) Tockner K., Schiemer F., WARD J.V. (1998) Conservation by restoration: the management concept for a river-floodplain system on the Danube River in Austria. Aquatic Conservation: Marine and Freshwater Ecosystems, 8, pp.71-86.
2) Hein T., Baranyi C., Herndl G.J., Wanek W., Schiemer F. (2003) Allochthonous and autochthonous particulate organic matter in floodplains of the River Danube: the importance of hydrological connectivity. Freshwater Biology, 48, pp.220-232.
3) Swenson R.O., Whitener K., Eaton M. (2003) Restoring floods to floodplains: Riparian and floodplain restoration at the Cosumnes River Preserve, pp.224-229 in Faber P.M., editor. California riparian systems: processes and floodplain management, ecology and restoration. Riparian Habitat Joint Venture, Sacramento, California, USA.
4) Seavy N.E., Viers J.H., Wood J.K. (2009) Riparian bird response to vegetation structure: a multiscale analysis using LiDAR measurements of canopy height. Ecological Applications, 19, pp.1848-1857.
5) Baptist M.J., Penning W.E., Duel H., Smits A.J.M., Geerling G.W., Van Der Lee G.E.M., Van Alphen J.S.L. (2004) Assessment of the effects of cyclic floodplain rejuvenation on flood levels and biodiversity along the Rihine River. River Research and Applications, 20, pp.285-297.
6) Rood S.B., Samuelson G.M., Braatne J.H., Gourley C.R., Hughes F.M.R., Mahoney J.M. (2005) Managing River Flows to Restore Floodplain Forests. Frontiers in Ecology and the Environment, 3, pp.193-201.
7) Kalischuka A.R., Rooda S.B., Mahoney J.M. (2001) Environmental influences on seedling growth of cottonwood species following a major flood. Forest Ecology and Management, 144, pp.75-89.
8) Bormann F.H., Likens G.E. (1979) Pattern and Process in a Forested Ecosystem: Disturbance, Development and the Steady State Based on the Hubbard Brook Ecosystem Study. Springer-Verlag.
9) 長坂有 (1996) 河畔に生えるヤナギ類, 光珠内季報, 101, pp.12-17
10) Nakamura F., Shin N., Inahara S. (2007) Shifting mosaic in maintaining diversity of floodplain tree species in the northern temperate zone of Japan. Forest Ecology and Management, 241, pp.28-38.
11) Niiyama K. (1990) The role of seed dispersal and seedling traits in colonization and coexistence of Salix species in a seasonally flooded habitat. Ecological Research, 5, pp.317-331.
12) 北海道開発局帯広開発建設部 (2001) 札内川ダム工事誌
13) Shin N., Nakamura F. (2005) Effects of fluvial geomorphology on riparian tree species in Rekifune River, northern Japan. Plant Ecology, 178, pp.15-28.
14) Takahashi M., Nakamura F. (2011) Impacts of dam-regulated flows on channel morphology and riparian vegetation: a longitudinal analysis of Satsunai River, Japan. Landscape and Ecological Engineering, 7, pp.65-77.

15) Yabuhara Y., Yamaura Y., Akasaka T. Nakamura F. (2015) Predicting long-term changes in riparian bird communities in floodplain landscapes. River Research and Applications, 31, pp.109-119.
16) 根岸淳二郎・萱場祐一・佐川志朗（2008）氾濫原の冠水パターンの変化とその生態的な影響―淡水性二枚貝の生息状況の観点から，土木技術資料，50, pp.38-41
17) 高岡広樹・永山滋也・萱場祐一（2014）木曽川における深掘れの実態と形成過程に関する研究，土木学会論文集 B1（水工学），70, pp.I_1015-I_1020
18) 永山滋也・原田守啓・萱場祐一（2015）高水敷掘削による氾濫原の再生は可能か？―自然堤防帯を例として，応用生態工学，17, pp.67-77
19) Negishi J.N., Sagawa S., Kayaba Y., Sanada S., Kume M., Miyashita T. (2012) Mussel responses to flood pulse frequency: the importance of local habitat. Freshwater Biology, 57, pp.1500-1511.
20) 久米学・小野田幸生・根岸淳二郎・佐川志朗・永山滋也・萱場祐一（2012）木曽川氾濫原水域における特定外来生物ヌートリア（Myocastor coypus）による希少性イシガイ科二枚貝類の食害，陸水生物学報，27, pp.41-47
21) Negishi J.N., Nagayama S., Kume M., Sagawa S., Kayaba Y., Yamanaka Y. (2013) Unionoid mussels as an indicator of fish communities: A conceptual framework and empirical evidence. Ecological Indicators, 24, pp.127-137.
22) Nagayama S., Harada M., Kayaba Y. (2016) Distribution and microhabitats of freshwater mussels in waterbodies in the terrestrialized floodplains of a lowland river. Limnology, 17, pp.263-272.
23) 大石哲也・萱場祐一（2013）河川敷切り下げに伴う初期条件の違いが植生変化に及ぼす影響に関する一考察，環境システム研究論文発表会講演集，41, pp.351-356
24) 原田守啓・永山滋也・大石哲也・萱場祐一（2015）揖斐川高水敷掘削後の微地形形成過程，土木学会論文集 B1（水工学），71, pp.I_1171-I_1176
25) 永山滋也・原田守啓・佐川志朗・萱場祐一（2017）揖斐川の高水敷掘削地におけるイシガイ類生息環境―掘削高さおよび経過年数との関係，応用生態工学，19, pp.131-142
26) 堀和明・田辺晋（2012）濃尾平野北部の氾濫原の発達過程と輪中形成，第四紀研究，51, pp.93-102
27) 林博徳・辻本陽琢・島谷幸宏・河口洋一（2009）再生氾濫原におけるドブガイ属の生態と侵入システムに関する事例研究，水工学論文集，53, pp.1141-1146
28) Hayashi H., Shimatani Y., Shigematsu K., Nishihiro J., Ikematsu S., Kawaguchi Y. (2012) A study of seed dispersal by flood flow in an artificially restored floodplain. Landscape and Ecological Engineering, 8 (2), pp.129-143.
29) 林博徳・島谷幸宏・泊耕一（2010）自然再生事業における維持管理体制の在り方に関する一考察，河川技術論文集，16, pp.535-540.
30) 林博徳・島谷幸宏・小崎拳・池松伸也・辻本陽琢（2011）イシガイ目二枚貝の有する水理特性に関する研究，水工学論文集，55, pp.1393-1398
31) 林博徳・稲熊祐介・島谷幸宏（2012a）氾濫原湿地におけるセイタカアワダチソウ群落

の物理的抑制要因の解明，河川技術論文集，18，pp.29-34
32) 林博徳・島谷幸宏・小崎拳・池松伸也・辻本陽琢・宮島泰志・安形仁宏・鈴木太郎・添田昌史・川原輝久（2012b）再生氾濫原アザメの瀬における取り組みの包括的報告と事業評価，湿地学研究，2，pp.27-38
33) 国土交通省九州地方整備局武雄河川事務所（2011）アザメの瀬の記録（アザメの瀬地区環境調査業務報告書）
34) 小崎拳・林博徳・中島淳・池松伸也・島谷幸宏（2010）再生氾濫原の有する魚類産卵場としての機能に関する研究，応用生態工学会第14回大会発表会講演集，pp.39-42
35) Liu J., Hayashi H., Inakuma Y., Ikematsu S., Shimatani Y., Minagawa T. (2014) Factors of Water Quality and Feeding Environment for a Freshwater mussel's (*Anodonta lauta*) Survival in a Restored Wetland. Wetlands, 34 (5), pp.865-876.
36) 佐竹義輔・大井次三郎・北村四郎・亘理俊次・冨成忠夫（1982）日本の野生植物，平凡社
37) 島谷幸宏・今村正史・大塚健司・中山雅文・泊耕一（2003）松浦川におけるアザメの瀬自然再生計画，河川技術論文集，14，pp.451-456
38) 山本晃一（2004）構造沖積河川学，山海堂

コラム9 扇状地氾濫原に生息する鳥類

　氾濫原では，頻繁に起こる洪水撹乱によって，砂礫地や草地といった遷移初期の環境が維持されてきた。これらの環境に生息する鳥類の中には，地面の上に営巣し，砂礫地や草地ならではの環境にうまく適応して生活する種がいる。ここでは，氾濫原の遷移初期環境に生息する鳥類の特徴的な生活史の一端を紹介し，鳥類にとっての氾濫原の意義について考えてみたい。

　砂礫地では，日本と朝鮮半島だけで繁殖するセグロセキレイのほか，イカルチドリ，コチドリ，シロチドリのチドリ類3種が生息し，夏期にはコアジサシも繁殖のために飛来する。チドリ類の分布は，土砂の粒径区分と密接に関わっており[1]，やや大きな礫を中心とした中流域ではイカルチドリが優占し，下流へ向かうほどコチドリが多くなる。シロチドリやコアジサシは，砂質の河原や海岸で営巣する。砂礫地の鳥は，開けた地面の上に卵を産んで育てるため，キツネやノネコなどの地上を徘徊する捕食者の危険に，常にさらされている。彼らは，一体どのようにして，身を隠すための植生がほとんどない環境で捕食を回避し，子育てをやり遂げるのだろうか。

　チドリやアジサシの仲間の卵や雛は，礫によく似た色や模様をしている。雛は早成性であり，孵化後数時間で歩き回ることができる。外敵の接近に気づくと，親鳥は卵や雛を残してそっと立ち去るか，時には偽傷*をして捕食者の注意をひき，卵や雛から遠ざけようとする。残された雛は，身動き一つせず，その場にうずくまる。すると，雛の姿は周囲の礫に紛れ，容易に発見できなくなる（**写真**）。この戦略が，特に河川の砂礫地で有効であることが，カリフォルニアの河川および沿岸域で繁殖するユキチドリの研究で確かめられている。卵と同サイズの礫が多い環境で営巣した個体は巣の生存率が高く[2]，結果として，河川の砂礫地では，均質な基質からなる海岸の砂浜と比べて，より多くの個体が巣立っていた[3]。

捕食者に見つからないように，河原の上にうずくまるイカルチドリの雛。少々わかりづらいが，中央の丸い石のやや左上に，頭を右に向けた格好で雛がいる。

　砂礫地の遷移が進み，草本類が侵入すると，イソシギやヒバリ，キジといった馴染みの鳥が営巣する。草陰で営巣する親鳥は，外敵が接近しても巣から離れず，数十cm先まで近づいたときに初めて，草むらから突然飛び出す。雛に餌を運ぶ親鳥は，巣の位置を知られないように，あえて巣から少し離れた地点に降り，草むらの中を駆けて戻る。これらの鳥は，氾濫原の草地だけでなく，農耕地や伐開地，二次草原にも生息する。しかし，こうした草地環境は，林業の衰退や草原の管理停止等によって全国的に減少しており，若齢の林や草地を好む鳥類の分布域は狭まっている[4]。例えば，ヒバリはかつて東京都の広い範囲で繁殖していたが，1990年代の時点でヒバリが繁殖可能な草地は，河川周辺や沿岸域に限られていたようだ[5]。遷移初期の環境が減りつつあるなかで，洪水攪乱によって維持されてきた氾濫原の砂礫地や草地は，遷移初期種の鳥類たちにとって貴重な生息場であった。

　しかし近年，氾濫原の遷移初期環境は衰退を続けている。洪水や土砂の攪乱が減少したことで，氾濫原で樹林地が拡大しているのだ。筆者らが北海道十勝地域の複数河川を対象に行った研究では，樹林化が生じた河川で砂礫地の面積が顕著に減少しており，ここ20年間での環境の変化は，砂礫地に営巣する鳥類の個体数では約4割の減少に相当すると

推定された[6]。こうした樹林化は全国各地の河川で生じていることから，砂礫地や草地に生息する鳥類は全国規模での減少が懸念される。

　洪水などの自然攪乱に加え，火入れや刈り取り，林業での伐採といった人為攪乱の両方が抑制される現代は，砂礫地や草地といった遷移初期の環境を利用する攪乱依存種にとって受難の時代といえる。しかし近年，日本各地の氾濫原で，礫河原の再生を目的とした河川再生事業が行われはじめた。先駆的な多摩川の事業では，礫河原の創出後にイカルチドリの個体数が急激に増加した[7]。北海道の札内川では，融雪洪水を模倣したダム放流も行われている。こうした取り組みを活かして，河川本来の攪乱プロセスを復元できれば，氾濫原特有の砂礫地や草地の鳥類の保全は大きく前進するだろう。

＊偽傷：片方の翼をだらりと下げるなど，子育て中の親鳥が怪我したふりをして捕食者の注意をひき，巣や雛から捕食者を遠ざけようとする行為。

《引用文献》
1) 山岸哲・松原始・平松山治・鷲見哲也・江崎保男（2009）チドリ3種の共存を可能にしている河川物理，洪水にともなう砂礫の分級，応用生態工学，12，pp.79-85
2) Colwell, M.A., Millett, C.B., Meyer, J.J., Hall, J.N., Hurley, S.J., McAllister, S.E., Transou, A.N., LeValley, R.R. (2005) Snowy Plover reproductive success in beach and river habitats. Journal of Field Ornithology, 76, pp.373-382.
3) Colwell, M.A., Meyer, J.J., Hardy, M.A., McAllister, S.E., Transou, A.N., Levalley, R.R., Dinsmore, S.J. (2011) Western Snowy Plovers Charadrius alexandrinus nivosus select nesting substrates that enhance egg crypsis and improve nest survival. Ibis, 153, pp.303-311.
4) Yamaura, Y., Amano, T., Koizumi, T., Mitsuda, Y., Taki, H., Okabe, K. (2009) Does land-use change affect biodiversity dynamics at a macroecological scale? A case study of birds over the past 20 years in Japan. Animal Conservation, 12, pp.110-119.
5) 荒木田葉月・三橋弘宗（2008）大都市圏におけるヒバリの繁殖適地と経年変化からみた存続可能性の評価，保全生態学研究，13，pp.225-235
6) Yabuhara, Y, Yamaura, Y, Akasaka, T., Nakamura, F. (2015) Predicting long-term changes in riparian bird communities in floodplain landscapes. River Research and Applications, 31, pp.109-119.
7) Katayama, N., Amano, T., Ohori, S. (2010) The Effects of Gravel Bar

Construction on Breeding Long-Billed Plovers. Waterbirds, 33, pp.162-168.

コラム10　イタセンパラと二枚貝

　主に自然堤防帯に生息するタナゴ亜科魚類のイタセンパラ (*Acheilognathus longipinnis*) とイシガイ科の二枚貝は，独特な共生関係を持っている。イタセンパラは秋になると二枚貝の出水孔に伸長した産卵管を挿し入れ，二枚貝の鰓の中に卵を産み付ける。孵化は1週間以内に生じ，冬の間二枚貝の鰓内に留まり，翌春，稚魚が水中に泳ぎ出てくる。イタセンパラは1年以内に死亡する年魚であるため，産卵できない年があれば，その個体群は消滅する。二枚貝は，イタセンパラの個体群存続にとって，不可欠な存在である。

　木曽川と淀川では，現在，イタセンパラと二枚貝は，主にワンドやたまりといった本川流路脇に形成される水域（氾濫原水域）に生息している。二枚貝は，常時本川と接続したワンドや，冠水頻度の高いたまりに生息することから，イタセンパラにとっても，本川との連結性の高い水域は重要である。さらに木曽川では，二枚貝が利用する水域の中でも，ごく限られた水域でのみ，イタセンパラの生息が継続して確認される。この理由は，現在のところ科学的に解明されてはいないが，二枚貝の再生産との関連で説明できるかもしれない。

　イタセンパラの産卵には，比較的若い小〜中型の二枚貝が適している。小〜中型個体の存在は，その水域が少なくとも過去5年程度の間，稚貝の定着と成長に適した水域環境であったことを物語っている。稚貝の生息条件もまた詳しくはわかっていないが，大型個体ばかりになった水域で稚貝が観測されることは稀であることからすると，より限定的な生息条件であると推察される。稚貝はしばしば砂底で観察される。ワンドやたまりは，普通，泥の堆積しやすい環境である。そこに砂底が維持さ

れるには，泥を運び去る流れの力が必要である．一方で，あまりに強い流れは二枚貝の個体を流出させる危険がある．それゆえ，河川の増水時に，ほどよい流れによって，泥が堆積せず砂底が維持される条件を部分的にでも備えた水域．そんな条件の限られた水域が，イタセンパラの限定的な生息分布をコントロールしているのかもしれない．

木曽川のワンド・たまりとそこに棲むイタセンパラと二枚貝

コラム11 日本の河原に生息する陸生昆虫

日本の氾濫原には多様かつ特徴的な生物相が見られるが，トンボ類やゲンゴロウ類のような水生昆虫とは異なり，生活史のほとんどを陸域で過ごす陸生昆虫の一部もその重要な要素になっている．氾濫原の中でも水流に近く氾濫の影響を強く受ける部分を「河原」と表現するが，陸生昆虫の中にもカワラバッタ，カワラハンミョウ（*Cicindela laetescripta*），カワラゴミムシ（*Omophron aequalis*），カワラスズ（*Pteronemobius furumagiensis*）のように，「河原」を和名に冠したものがいくつか存在する．それ以外にもシルビアシジミ（*Zizina otis*），ミヤマシジミ（*Lycaeides argyrognomon*），アイヌハンミョウ（*Cicindela gemmata*）等，河川環境と結びつきが強いとされている陸生昆虫は数多く存在する．

では，水中で生活するわけではない彼らはなぜ氾濫原の住人なのだろうか．一つの理由としては，河川の氾濫による攪乱が植物体を破壊することが挙げられる．日本の湿潤な気候では多くの陸域が長期的には森林化してしまうと考えられているが，氾濫原では攪乱の程度に応じてさまざまな裸地的環境および草地的環境が保たれる．自然度の高い裸地や草地は日本では極めて限られているため，そのような環境を好む陸生昆虫も氾濫原との関係性が強くなるということである．

裸地的な環境を好む種の代表としてはカワラハンミョウ等のハンミョウ類とカワラバッタが挙げられる．前者は砂質，後者は礫質の基質からなる環境を好むとされるが，国内ではそのような自然環境（いわゆる砂礫質河原）は非常に限られている．カワラバッタは日本固有種であるが，海外に分布する近縁種はそもそも乾燥地帯の種のようだ[1]．カワラハンミョウに至っては「河原」を冠しているにも関わらず，現在でも個体群が確認されている生息場所はほとんどが沿岸域であるという．もう一つの主要な生息地であった河原ではほとんど見られなくなってしまったようだ（例えば[2,3,4]）．

一方，氾濫原における草地的環境で見られるものとしては，まず，シルビアシジミ，ミヤマシジミ等のチョウ類が挙げられる．彼らはススキ（*Miscanthus sinensis*）やシバ（*Zoysia japonica*）が優占するような明るい環境を好み，そこに生育する植物を食草としている．例えばミヤマシジミは明るい草地に生育するコマツナギ（*Indigofera pseudotinctoria*）に依存している[3]．また，クルマバッタ（*Gastrimargus marmoratus*）等のバッタ類も草地的環境の代表的な昆虫である．特定の植物種に依存しない彼らにとっては「適度に明るく開けている」という物理的な要因が重要なようで，クルマバッタは草丈の低いシバ草地を好むと考えられている[5]．ススキやシバの草地は氾濫原における自然の

コラム

カワラハハコにかじりつくカワラバッタ

もはや河原ではほとんど見られなくなったカワラハンミョウ

攪乱だけでなく火入れや放牧、草刈り等の人間活動によっても保たれることがある。そのため、上に挙げた昆虫は国内でも氾濫原以外の草地で見かけることができるものも少なくない。そのような草地は二次草地（人間活動が関連するものに関しては半自然草地）と呼ばれ、日本の生物多様性の保全上重要な役割を担っている[6]。

このように、日本の氾濫原でよく見られる陸生昆虫は、"ほかに適した環境が少ない"ために氾濫原に分布が限られているという見方をすることもできる。そのような境遇にある昆虫だからこそ、絶滅の危機とも

隣合わせであることに注意したい。例えばシルビアシジミ，ミヤマシジミ，そして"元"河原の虫になってしまったカワラハンミョウは絶滅危惧 IB 類に指定されている。カワラバッタは環境省指定のレッドリスト種ではないものの，27 都道府県のレッドリストに登場にしており，鳥取県のように絶滅してしまったとされる地域も存在する（日本のレッドデータ検索システム http://www.jpnrdb.com/；2015/3/28 日確認）。

　氾濫原は変化しやすい環境であることも，そのような種の危機に拍車をかけている。例えば，氾濫原は外来植物が侵入しやすい [7), 8)] が，一部の種はいったん定着すると氾濫原のストレスと攪乱に耐え抜いて優占群落を形成し，裸地的な環境を草地的環境に変えてしまう。しかも，その新たな草地的環境は在来の草地的環境とも異質なものであるから性質が悪い。筆者らが鬼怒川中流域の氾濫原で行った調査では，外来牧草のシナダレスズメガヤ（*Eragrostis curvula*）が侵入した場所では裸地を好むカワラバッタが少なかったが，在来草地を好むショウリョウバッタモドキ（*Gonista bicolor*）やセグロバッタ（*Eyprepocnemis shirakii*）も少ないという傾向が確認された [9)]。草地は比較的氾濫の頻度が低いため，裸地に比べると外来植物の侵入を受けにくいと考えられるが，周辺の裸地が外来植物の大群落に置き換わってしまえばそこから大量の種子が散布されることになり，油断はできない。

　現在，鬼怒川中流域では「うじいえ自然に親しむ会」が多様な氾濫原の生物の保全をめざしてシナダレスズメガヤの抜き取り作業を精力的に行っている。在来植物や陸生昆虫が残っている場所では人手による選択的な駆除は非常に重要だ [10)]。一方，いったん外来植物が優占してしまった場所は河道の形状を適切に管理することで群落を押し流してしまうことも可能だろう。河道の形状によって生じる氾濫頻度の多様性が陸域の環境の多様性を生み，それが陸生昆虫の多様性にも貢献している。これらを念頭に，よりよい河川管理のあり方を考えてみるのもよいかもしれない。

《引用文献》
1) 日本直翅類学会編（2006）バッタ・コオロギ・キリギリス大図鑑, 北海道大学出版会
2) 京都府企画環境部環境企画課編（2002）京都府レッドデータブック2002（上）, 京都府企画環境部環境企画課
3) 栃木県林務部自然環境課・栃木県立博物館編（2005）レッドデータブックとちぎ-栃木県の保護上注目すべき地形・地質・野生動植物, 栃木県林務部自然環境課
4) 石川県野生動物保護対策調査会（2009）改訂・石川県の絶滅のおそれのある野生動物 いしかわレッドデータブック（動物編）石川県環境部自然保護課
5) 内田正吉（2005）減るバッタ増えるバッタ 環境の変化とバッタ相の変遷, HSK
6) 須賀丈・岡本透・丑丸敦史（2012）草地と日本人―日本列島草原1万年の旅, 築地書館
7) Miyawaki S., Washitani I. (2004) Invasive alien plant species in riparian areas of Japan: the contribution of agricultural weeds, revegetation species and aquacultural species. Global Environmental Research, 8, pp.89-101.
8) Richardson D.M., Holmes P.M., Esler K.J., Galatowitsch S.M., Stromberg J.C., Kirkman S.P., Pysek P., Hobbs R.J. (2007) Riparian vegetation: degradation, alien plant invasions, and restoration prospects. Diversity and Distributions, 13, pp.126-139.
9) Yoshioka A., Kadoya T., Suda S., Washitani I. (2010) Impacts of weeping lovegrass (*Eragrostis curvula*) invasion on native grasshoppers: responses of habitat generalist and specialist species. Biological Invasions, 12, pp.531-539.
10) 一瀬克久・石井潤・鷲谷いづみ（2011）市民による礫河原に侵入した外来植物対策の評価-栃木県鬼怒川における事例, 保全生態学研究, 16, pp.221-229

索　引

【数字・欧文】

active channel ……… 13,20,52,96
ATTZ ……………………………11
flood-pulse concept ………………11

【あ行】

アザメの瀬 …………………162
アジサシ ……………………185
アユモドキ …………………9,68
イカルチドリ ……… 7,138,144,185
イシガイ ………… 9,10,76,161,188
イソシギ ……………………7,186
イタセンパラ …69,152,155,160,188
揖斐川 ………………………92,145
栄養塩回帰 …………………115
エコトーン …………………169
オオバヤナギ …………135,137,143
オールドマン川 …………92,124
オフサイト ……………………58

【か行】

外来植物 ……………………192
外来性 ……………………80,109
攪乱頻度 ………………………7
河床低下 …………………57,149
河川整備事業 …………………30
河川堤防 ………………………24
河川水辺の国勢調査 …… 78,80,102,
河道改修 …………………30,34,
河道掘削 ……………………91,93
河道内氾濫原 …………11,20,149
河畔林 ……………10,117,125,137
カワラサイコ ………………21,148
カワラノギク …………………21
カワラバッタ ……………8,131,190
カワラハンミョウ ……………190
かんがい事業 …………………38
環境類型区分 …………………73
冠水 ……………………… 8,57,71,
冠水・破壊パターン ……………56
冠水頻度 ……………… 9,59,99,153
干拓 ……………………………42
希少性 ………………80,81,108
木曽川 ……………28,92,145,188
旧河道 ………………… 3,6,8,31,33
掘削高さ …………………97,155
クリーク ………………8,113,164
クルマバッタ …………………190
グロキディウム幼生 ……………9
群落 ……………………………102

195

景観パッチ …………………… 55,61	樹林化 ……………………………51
景観要素 ……………………8,53,75	順応的管理 ………………… 119,169
ケショウヤナギ …………… 130,134	荘園 ………………………………26
洪水攪乱 ………………… 5,20,44,91	捷水路 ……………………………54
高水敷 ………………………12,19,34	シルビアシジミ ………………… 190
高水敷掘削 ……………… 93,120,155	シロチドリ ……………………… 185
洪水パルス説 ……………………11	人為的インパクト ……………49,73
耕地 ………………………………23	人為的改変 ………………………50
後背湿地 ………………… 8,35,71,102	新田開発 ………………………27,28
谷底平野 …………………………1,18	水域・陸域遷移帯 ………………11
コスムネス川 ………………… 92,116	水田 ……………… 25,39,102,148,163
コチドリ ………………… 7,138,185	水門 …………………………… 33,36
	生活史 ……………………………68
【さ行】	生態的機能 ………………………5
最終氷期最盛期 ……………… 1,2,46	セイタカアワダチソウ ………… 175
サケ …………………………… 8,117	生物多様性 …………………… 5,10,
札内川 …………………… 92,128,187	セグメント1 …………………… 51,96
砂礫堆 ……………………… 6,12,20,	セグメント2 …………………… 52,97
産卵 ……………… 9,10,119,178,188	セグロセキレイ ………………… 185
シードバンク ……………………21	絶滅危惧種 ………………………68
止水域 …………………………6,12	先駆性樹種 ………………… 6,137,
自然再生事業 …………… 73,138,152,163	扇状地 …………………………… 2,5
自然堤防 ………………………… 4,8	総合土砂管理計画 ………………49
自然堤防帯 …………………… 1,4,8	
自然的インパクト ……………73,78	【た行】
湿地性植物 …………………… 172	代用指標 …………………………75
シナダレスズメガヤ ………… 192	蛇行流路 ………………………… 4,8
シフティング・モザイク …… 137	タナゴ類 ………………………76,151
砂利採取 ……………………… 34,58	たまり ………………………… 12,13
種 …………………………………75	ダム下流 …………… 51,52,60,125
主流路 …………………… 6,13,139	ため池 …………………………25,38

索　引

池沼	37,43,71,
沖積層基底礫層	2,46
沖積平野	1,46
沈水植物	103
低水路	12,19
底生動物	114
典型性	80,81,108
特殊性	80,81,109
土砂堆積速度	99,158
土砂レジーム	44
ドジョウ	9,170
土地改良事業	38
ドナウ川	92,113

【な行】

内水対策事業	35
ナマズ	9,170
二次流路	6,13,122
二枚貝	9,97,148,151,179188
ヌマガイ	9,179
農地区画整理	39
農地造成	41
農地排水事業	38

【は行】

排水路	37,38
ハコヤナギ	117,120,124
破堤	8,117
ハリエンジュ	52
半止水域	6,12
氾濫原	1,3,4,18

氾濫原依存種	15,55,91,178
氾濫原機能	54,60
氾濫原植生	102,122
氾濫原水域	5,8,148,188
氾濫原生態系	5,11
氾濫頻度	114
引堤	93,118
樋門・樋管	33
フナ	9,170
フラッシュ放流	92,136
保全	83

【ま行】

松浦川	162
ミヤマシジミ	190
網状流路	3,13,52,129

【や行】

ヤナギ	7,62,99,124,130,134,157
融雪出水	125,135
ヨハネス・デ・レーケ	147

【ら行】

陸生昆虫	189
リファレンス	77
流況	44,57,91
流況操作	92,124
流量調節	132
流量変動	44
流量レジーム	44
流路網	71

索　引

礫河原　　　　　　6,21,56,130,187
礫河原再生　　　　　　124,133
連結性　　　　　　　　10,71,116
連続堤　　　　　　　　28,33,147

【わ行】

ワール川　　　　　　　　92,120
輪中　　　　　　　　　　28,147
ワンド　　　　　　　　　6,12,13

応用生態工学会テキスト
河道内氾濫原の保全と再生

定価はカバーに表示してあります。

2019年9月25日　1版1刷　発行

ISBN978-4-7655-3475-8 C3051

編　者	応 用 生 態 工 学 会
発 行 者	長　　　　滋　彦
発 行 所	技報堂出版株式会社

日本書籍出版協会会員
自然科学書協会会員
土木・建築書協会会員

〒101-0051　東京都千代田区神田神保町1-2-5
電　話　営　　業　(03)(5217)0885
　　　　編　　集　(03)(5217)0881
　　　　Ｆ　Ａ　Ｘ　(03)(5217)0886
振替口座　00140-4-10
http://gihodobooks.jp/

Printed in Japan

Ⓒ Ecology and Civil Engineering Society, 2019

装幀　ジンキッズ　印刷・製本　愛甲社

落丁・乱丁はお取り替えいたします。

|JCOPY| 〈出版者著作権管理機構　委託出版物〉

本書の無断複写は著作権法上での例外を除き禁じられています。複写される場合は、そのつど事前に、出版者著作権管理機構（電話：03-3513-6969、FAX：03-3513-6979、e-mail: info@jcopy.or.jp）の許諾を得てください。

◆小社刊行図書のご案内◆

定価につきましては小社ホームページ（http://gihodobooks.jp/）をご確認ください。

総合土砂管理計画
―流砂系の健全化に向けて―

山本晃一 編著
河川財団 企画
A5・400頁

【内容紹介】 総合土砂管理は，広域自治が現実化するに伴い，その必要性が増すことは間違いない．しかし，現在までのところ，その実体化は図られていない．本書は，河川財団において開催されている河川塾における自主研究テーマの成果に基づいている．今般の気象・環境等に鑑み，日本の総合土砂管理について，流砂系の内容を精査し，そのあり方，健全化について詳細に論じている．

沖積河川
―構造と動態―

山本晃一 著
河川環境管理財団 企画
A5・600頁

【内容紹介】 本書は沖積層を流れる河川の構造特性とその動態について説明したものである．第Ⅰ部で説明に必要となる移動床の水理について記したうえで，第Ⅱ部で中規模河川スケール，第Ⅲ部で大規模河川スケールの構造を規定する要因と発達プロセスを説明し，第Ⅳ部では事例をあげ，その理論の適応性を検証した．河川計画・設計の基礎理論の底本となる書籍．

河川汽水域
―その環境特性と生態系の保全・再生―

楠田哲也・山本晃一 監修
河川環境管理財団 編
A5・366頁

【内容紹介】『河川法』，『海岸法』の環境条項の追加，『自然再生法』の施行等，法制度の整備は進みつつある．だが，汽水感潮域や沿岸域では，環境保持，生態系保全が本格的に扱われるには至っていないのが実情である．法制度の不十分さと，自然科学現象解明の不十分さがその理由といえよう．しかし，河川汽水域は，生物多様性の確保，食糧の保障の点でも重要な空間であり，この生物生産の場の保全・再生は緊喫の課題である．本書は，河川生態学，水環境学，応用生態学，河川工学に関わる学生，実務者，技術者，研究者，行政官の格好の参考書である．

自然的攪乱・人為的インパクトと河川生態系

小倉紀雄・山本晃一 編著
A5・374頁

【内容紹介】 河川とその周辺は，流水・流送土砂により侵食堆積等の攪乱を受ける特異な場所であり，その攪乱の形態・規模・頻度が生息する植物・動物等の生態系の構造と変動を規制し，その特異性と生物多様性を形成する．自然的攪乱と人間活動に伴う人為的インパクトが河川生態系の構造と変動形態に及ぼす影響に関する知見を集約し，要因間の関連性を含めて詳述．

技報堂出版　TEL 営業 03(5217)0885　編集 03(5217)0881
FAX 03(5217)0886